危険生物・外来生物大図鑑

監修
今泉忠明
一般財団法人 自然環境研究センター

はじめに

監修　今泉忠明

　わたしたちの身の周りにはたくさんの生物たちがくらしています。ふだん通っている通学路、放課後に遊びに行く公園、休みの日に連れていってもらう山や川、海。そこで出会った生物たちに注目してみましょう。なかには、この本で紹介する危険生物や外来生物がいるかもしれません。

　ただし、「危険」や「外来」というくくりはわたしたちが人間の立場から見て決めたもので、グループ分けそのものには大きな意味はありません。危険生物がなぜ攻撃してくるのか、外来生物がいることがどうして問題になるのか、そういったことまでしっかり考えることがたいせつです。この本をきっかけにして、みなさんが自然と人間社会のつながりについて興味をもってくれることを期待しています。

もくじ

危険生物ってどんな生き物？ ……… 4

外来生物ってどんな生き物？ ……… 8

この本の使い方 ……… 12

街や野原、山林にいる
危険生物・外来生物 ……… 13
66種

水辺や池、川にいる
危険生物・外来生物 ……… 49
31種

海岸や磯、海にいる
危険生物・外来生物 ……… 71
33種

外来生物 コラム
人気のカブトムシ・クワガタムシも外来生物!? ……… 26
外来生物になった日本の生物 ……… 39
植物にも外来生物がいっぱい ……… 47
環境を乱す熱帯魚たち ……… 65

危険生物 コラム
食べてはいけない！
毒をもつ危険な魚たち ……… 78

さくいん ……… 92

危険生物ってどんな生き物？

この本では、人間に危害を加える可能性のある生き物のことを「危険生物」とよんでいます。身近な場所にいる危険生物も多いので、なぜ危険なのか、どんな生物がいるのかを知っておきましょう。

危険生物はなぜ人間に危害を加えるの？

きばや針、強い毒をもつ危険生物であっても、自分から人間をおそうようなことはほとんどありません。たいていは人間を見るとにげたり、かくれたりするので、つねに危険なわけではないのです。しかし、むやみにつかまえようとしたり、近づきすぎたりすると、人間相手でも攻撃します。これは、自分やなかま、巣やなわばりを守るための行動です。

そして、そう多くはありませんが、自分から人間をおそうような危険生物もいます。カやダニは血を吸うために人間をつけねらいますし、ほかに食べるものがない場合はクマやサメも人間をおそうことがあります。

危険生物はさまざまな場所にひそんでいるので、いろいろなタイプの危険生物がいることを知っておき、自分から危険な目に合わないようにすることがたいせつです。

危険生物を刺激してしまうと……

危険生物は周りの環境にとけこんでかくれていることが多いので、気づかずにふんでしまったり、近づきすぎたりすることがあります。こちらにそのつもりがなくても、生物からすると攻撃されたのと同じことなので、反撃を受けるおそれがあります。

巣やなわばりに近づいてしまうと……

危険生物の巣はわかりにくい場所にあることが多いので、十分に注意しているつもりでも、巣に近づいてしまうことがあります。たいていは攻撃する前に、追いはらおうとしていかくしてくるので、それ以上進まないようにしましょう。

何もしなくても攻撃されることも……

一部のカやダニは、生きていくために人間の血を吸う必要があります。野外では服ではだをかくすなど、自分で身を守ることが必要です。

危険生物はどのように攻撃してくるの？

危険生物が攻撃する方法には、大きく分けて「かむ（かみつく）」「刺す」「吸血（血を吸う）」の３つがあります。さらに、危険生物は強い毒をもっていることも多く、毒によって傷がさらにひどくなるおそれがあります。

また、伝染病の病原菌や寄生虫などを体内にやどしていて、傷口から人間にうつすものもいます。

かむ

するどいきばや歯でかみつきます。ヘビのなかまやクモのなかまは、かんだときに相手の体内に毒を送りこみます。

ニホンマムシ
（→ 44ページ）

ふだんは口の中できばが折りたたまれていて、口を大きく開くときばが立ちあがります。

刺す

体やその一部にはえているするどい針やとげで攻撃します。ハチのなかまはおしりの針で、クラゲのなかまは触手の刺胞（毒針が入ったふくろ）で相手を刺し、体内に毒を送りこみます。

オオスズメバチ
（→ 16ページ）

スズメバチは、何度も毒針を刺すことができます。

吸血

細い口を相手の体に刺したり、かみついたりして血を吸います。吸った血は自分の栄養にします。カのなかまやダニのなかまは、血を吸うときに伝染病などの原因となる微生物やウィルスをうつすことがあります。

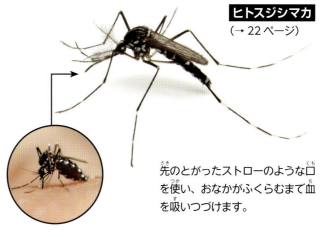

ヒトスジシマカ
（→ 22ページ）

先のとがったストローのような口を使い、おなかがふくらむまで血を吸いつづけます。

攻撃はせずに防御する

チャドクガやイラガなどの幼虫（毛虫）は、体の大部分に毒の毛やとげがついています。自分から攻撃はしませんが、おそってきた相手は毛やとげが刺さって、毒を受けます。

オオヒキガエルは目の後ろの部分からとても強い毒をふくんだ白い液を出し、かみついてきた相手を苦しめます。

毒

◀オオヒキガエルの毒液。小さな動物を殺してしまうほどの強い毒をふくんでいます。

危険生物

危険生物はどこにでもいる

危険生物は特別にめずらしい生物ではなく、わたしたちがふだん生活している環境にもすんでいます。キイロスズメバチ（→17ページ）は建物ののき下や庭などに巣をつくりますし、カバキコマチグモ（→30ページ）は、草むらのススキの葉を使って巣をつくります。また、ハブ（→46ページ）のように人家に入ってくるおそれのあるヘビもいます。

そして、春から秋はとくに生物たちが活発になる時期です。山や川、海など、自然が豊かな場所に遊びに行けば、危険生物に出会う可能性がより高くなります。キャンプやハイキング、海水浴や磯遊びなどをするときは、危険な生物がいるかもしれないという気持ちをわすれてはいけません。あぶなそうな生物を見つけたら、けっして近づかないことがたいせつです。

建物ののき下に……

▲キイロスズメバチの巣。アシナガバチのなかま（→18ページ）も街の中によく巣をつくります。

公園の樹木の葉に……

▲チャドクガの幼虫（→20ページ）。束になった短い毛に少しふれただけで、かぶれてしまいます。

雑木林のかれ木の下に……

▲ニホンマムシ（→44ページ）。たおれた木のかげで、丸まって休んでいることがあります。

水辺の石の上に……

▲スッポン（→53ページ）。ときおり水から出て日光浴をします。変わったカメだと思って手を出すと、かまれるおそれがあります。

磯の潮だまりに……

▲ガンガゼ（→87ページ）。潮が引いて水がたまるくぼみには、するどいとげをもつガンガゼがかくれていることがあります。

砂浜の波打ちぎわに……

▲カツオノエボシ（→88ページ）。砂浜に打ちあげられたクラゲは、死んだ後も毒が残っていることがあります。

危険生物でトラブルにあったら

　危険生物はそれぞれあぶない部位がちがいますし、毒をもつものは種ごとに毒の種類がことなります。けがの具合によっては、病院に入院したり、最悪の場合は死亡したりするおそれもあります。

　もしも危険生物に出会い、何らかの被害を受けてしまったら、どうしたらよいでしょう。そんな場合でも、けっしてあわてたり、放っておいてはいけません。まずはどんな生物におそわれたのかをしっかりと確認しましょう。

　つぎに傷口の消毒や止血を行い、できるだけ早く病院に行きましょう。痛みがひどかったり、気分が悪かったりして動けない場合は、119番に電話をして救急車をよぶ必要があります。

刺されたら、どうする？

ひとまず刺された部分を消毒します。気分が悪くなるようなら、すぐに病院に行きましょう。人間を刺す生物の多くは毒をもっていて、毒の種類によって治療法がちがいます。どんな場所で、どんな生物に刺されたのかをしっかりおぼえておきましょう。

▲毒をもつ生物に刺されると、はげしいアレルギー反応（アナフィラキシーショック）を起こすことがあります。呼吸が苦しくなったり、立っていられなくなったりした場合は、周りの人にたのんで、救急車をよんでもらいましょう。

かまれたら、どうする？

かまれた傷口を消毒薬で消毒したり、きれいな水で傷口をあらいながします。血が出ているときは、傷口をきれいな布などで押さえつけて血を止めます。毒をもつ生物、とくに毒ヘビにかまれた場合は、特別な治療が必要になります。自分で病院に行こうとして動きまわると、毒の回りが早まります。できるだけ、周りのおとなに病院につれていってもらいましょう。

▲出血している場合は、傷口をきれいなハンカチやガーゼで直接強く押さえつづけて、血を止めます。包帯がある場合は、少しきつめにまいてもよいでしょう。

血を吸われたら、どうする？

血を吸う生物は、小さな昆虫などが多く、ほとんどの場合は一般に売られている虫刺され薬で治療することができます。ただし、マダニ（→31ページ）の場合は注意が必要で、危険な病気をうつされることもあります。

▲刺されたことに気がつかないこともあります。野山で遊んだ後に体調が悪くなったら、すぐに病院へ行きましょう。

外来生物ってどんな生き物?

近年、日本をはじめ世界中の国ぐにで問題になっているのが「外来生物」とよばれる生物たちです。いったいどんな生物で、どんな問題を引きおこすのか。そしてわたしたちとどうかかわっているのか。それをしっかりと知ることが重要になってきています。

在来生物と外来生物

ある地域にもともとすんでいる生物を「在来生物」といいます。生物は本来、種ごとにすむ地域が決まっています。一部の鳥や昆虫をのぞけば、遠くはなれた地域に移動することはほとんどありません。大昔からそうしたすみわけがされてきた結果、地域ごとに特徴のことなる生物たちが見られるのです。

ところが現代では、人間の活動にともなって、もともとすんでいる地域から別の地域へもちこまれる生物たちがあらわれました。これらの生き物を「外来生物」といいます。国外から来たものだけを指すのではなく、同じ国内の別の地域から来たものにも当てはまります。

また、とくに自然環境や在来生物に悪影響をおよぼすものを「侵略的外来生物」といい、生物や環境を守るためにさまざまな対策が行われています。

くらべてみよう!

在来生物	外来生物
ニホンミツバチ	セイヨウミツバチ

どちらも同じミツバチのなかまで、見た目もよく似ています。セイヨウミツバチはニホンミツバチにひじょうに近い生物なので、本来の生息地とちがう日本でも生きていくことができます。

外来生物はどのようにやってくる?

人間がもちこんだ外来生物

人間がほかの地域からもちこんだ生物たちです。食用や産業用の家畜、ペットや観賞用にするため、害虫や害獣をたいじさせるためなど、目的はさまざまです。現在は外来生物が引きおこす問題についてしっかりと考えられていますが、昔は多くの生物がもちこまれ、放されていました。

物などにまぎれこんできた外来生物

ほかの地域からやってくる船などの乗り物や、輸送するためのコンテナ、木材や植物などの荷物そのものにまぎれこんで入ってきた生物たちです。小さな生物の場合、きびしいチェックの目をくぐりぬけて入ってきてしまうことも多く、現在も新たな外来生物が日本に入ってきています。

外来生物は何が問題なの？

　同じ地域にすむ在来生物たちは、大昔から「食う・食われる」の関係や、いっしょにくらしていく関係をきずいていて、自然の中でバランスが保たれています。しかし外来生物は、むりやりそれらの関係の中に入りこむので、自然のバランスをくずしてしまうのです。

　とくに侵略的外来生物は、環境の変化をものともせず、繁殖する力も強いため、さまざまな問題を引きおこします。在来生物のみならず、人間に危害を加えたり、生活や産業をみだすおそれがあるものもいます。

在来生物への影響

食べる

▲在来生物のセミを食べるグリーンアノール（→42ページ）。肉食の外来生物は、在来の動物を食いあらすことが多くなっています。

すみかをうばう

▲用水路で大量に発生したアメリカザリガニ（→68ページ）。外来生物が在来生物のすみかや食べものをうばい、その結果、在来生物がへってしまいます。

雑種が生まれる

▲タイリクバラタナゴ（→59ページ）と在来のタナゴの雑種。雑種が生まれると、その地域の在来生物がもともともっている特徴が失われてしまいます。

環境への影響

環境をこわす

▲土手に穴をあけて巣をつくるヌートリア（→50ページ）。土手の地形を変えてしまうので、周りの環境に影響をおよぼしているといえます。

人間への影響

危害をおよぼす

◀捕獲用の器具にかみつくカミツキガメ（→52ページ）。かみついたり、刺したりするもの、強い毒をもつもの、吸血して病気をうつすものなど、人間に危害をあたえるおそれのある「危険外来生物」がいます。

産業に被害をあたえる

◀畑に入りこんで、農作物（ダイコン）を食いあらすヌートリア。農家にとってはたいへんな問題です。また、大量にふえて発電所の水路などをふさいだりする生物もいます。

外来生物

外来生物に対する取り組み

近年、外来生物が自然環境や在来生物、人間のくらしに被害や悪影響をおよぼすことがわかり、それを防ぐ必要が出てきました。そうして定められた法律が「外来生物法」です。2005年に施行されたこの法律によって、「特定外来生物」の飼育、栽培や保管、運搬、輸入などが規制されるようになりました。

それと同時に、環境省が「要注意外来生物リスト」を作成しました。このリストは、特定外来生物には指定されていない外来生物のうち、取り扱いに注意すべき生物を選んだものです。そして、2015年には環境省と農林水産省によって、要注意外来生物リストの代わりとなる「生態系被害防止外来種リスト」が作成され、外来生物への対策が強められています。

特定外来生物とは？

外来生物法では、日本国外からきた外来生物のうち、とくに日本の自然環境や在来生物、人間の生命や産業などに被害をおよぼすものや、そのおそれがあるものを「特定外来生物」に指定しています。

▲クビアカツヤカミキリ（→ 25 ページ）。2017 年 11 月に特定外来生物に指定されました。最新の調査結果や情報をふまえて、特定外来生物に指定される生物が追加されます。

外来生物法で禁止されていること

特定外来生物

ヒアリ

グリーンアノール

オオクチバス

148 種類
（2017 年 12 月時点）

飼ってはいけない！
国からの許可を得ることなく、特定外来生物に指定された動物を飼ったり、植物を栽培したりしてはいけません。

輸入してはいけない！
研究目的などで許可を得ている場合以外では、特定外来生物を外国から日本国内にもちこんではいけません。

運んではいけない！
許可を得ることなく、特定外来生物を運んではいけません。野外でたまたまつかまえたものを家にもちかえるのも禁止です。

放してはいけない！
許可を得ることなく、特定外来生物の動物を野外に放してはいけません。ペットとして飼っていた特定外来生物を捨てるのも禁止です。また、植物を植えたり、まいたりするのもいけません。

保管してはいけない！
許可を得ている研究施設など、しっかりと管理された場所以外で、特定外来生物を保管してはいけません。

ゆずってはいけない！
許可を得て特定外来生物を飼育している人が、他の人にゆずったり、売ったりしてはいけません。

生態系被害防止外来種リストとは？

現在の外来生物の生息状況と今後の予測、在来生物や環境への影響の強さなどをもとに作成されました。特定外来生物や、かつて要注意外来生物リストに入っていた生物も選ばれています。また、このリストでは外来生物をいくつかのグループに分けています。

定着予防外来種
国内にまだ定着はしていないものの、定着すると悪影響をおよぼすおそれがあるため、定着を防ぐ必要がある外来生物。

▲ワニガメ（→53ページ）

産業管理外来種
産業にとって重要な役割をはたすが、野外では悪影響をおよぼすおそれがあり、にげだしたりしないようにしっかり管理する必要がある外来生物。

▲セイヨウオオマルハナバチ（→18ページ）

総合対策外来種
すでに国内に定着していて、野外から取りのぞいたり、広がることを防いだりする必要がある外来生物。

▲ムラサキイガイ（→81ページ）

緊急対策外来種
総合対策外来種のうち、このままでは大きな被害が出るため、すぐに対策を行う必要がある外来生物。

▲アライグマ（→36ページ）

重点対策外来種
総合対策外来種のうち、今後大きな被害が出ると予想され、対策をしっかりと行う必要がある外来生物。

▲カダヤシ（→62ページ）

外来生物そのものが悪いわけではない！

外来生物が起こす問題を考えると、「外来生物＝悪い」というイメージをもってしまうかもしれません。しかし、外来生物たちも悪さをしようとしているわけではありません。ふつうに生きていくためにしていることが、本来すんでいる地域ではないために問題になってしまうことがあるのです。

とくに、ペットとして飼われていたのに捨てられてしまった外来生物は、人間の身勝手が生みだしたものです。もしも外国の生物を飼う場合は、その生物を「外来生物」にしないためにも、最後まで責任をもって世話をしなくてはなりません。

▲静岡県の動物園「iZoo」のアカミミガメ（→54ページ）の池。「iZoo」では、ペットとして飼いきれなくなった両生類・は虫類を引きとって飼育する活動を行っています（特定外来生物以外にかぎります）。これは、外来の両生類・は虫類が野外へにがされたり、捨てられたりしないようにするための取り組みです。

この本の使い方

ここから先の図鑑ページに出てくるマークの意味や大きさくらべの見方などについて、説明します。

① **見出しの色**
その生物のグループ分けを色でしめしています。

　　危険外来生物　　危険生物　　外来生物

② **生物群**
その生物がふくまれる生物群（分類学上のグループ）をしめしています。

③ **種名**
その生物の名前です。

④ **分類**
生物群よりも細かな分類（目・科）をしめしています。

⑤ **マーク**
その生物のグループ分けをマークでしめしています。また、危険生物の場合はどのように危険なのか、外来生物の場合はどのような指定を受けているかをマークの下にしめしています。

危険な部分（くわしい説明は5ページへ）
- かむ
- 刺す
- 吸血
- その他
- 毒
- 伝染病

外来生物の指定（くわしい説明は10-11ページへ）
- 特定 — 特定外来生物
- 定着予防 — 定着予防外来種
- 産業 — 産業管理外来種
- 総合 — 総合対策外来種
- 緊急 — 緊急対策外来種
- 重点 — 重点対策外来種

⑥ **原産地・日本国内の分布**
危険外来生物・外来生物は原産地と日本国内の分布の両方を、危険生物は日本国内の分布をしめしています。都道府県以外の地名は下の地図を参考にしてください。

⑦ **大きさくらべ**
生物がどのくらいの大きさかわかるように、人間の手や全身とくらべています。

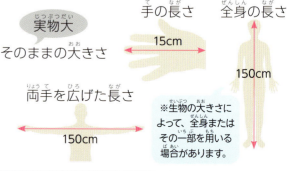

実物大 — そのままの大きさ
手の長さ — 15cm
両手を広げた長さ — 150cm
全身の長さ — 150cm

※生物の大きさによって、全身またはその一部を用いる場合があります。

昆虫類

ヒアリ（アカヒアリ）
ハチ目アリ科

大きさくらべ 実物大
体長　約2.5～6mm（働きアリ）

危険外来生物 刺す／毒／特定／定着予防

毒の針をかくしもつ火のアリ

▼ヒアリの巣。日本では港の近くで見つかっていますが、本来は草地などにすんでいて、巣が大きくなるとドーム状の巣（アリ塚）をつくります。

原産地 南アメリカ
日本国内の分布 なし（兵庫県、福岡県、大阪府、愛知県、神奈川県、東京都などで発見されています）

2017年に兵庫県で初めて見つかった外来アリです。中国などから送られてくる船の貨物やコンテナにまぎれて、国内に入ってきました。腹部には有毒の針をもち、刺されるとやけどをしたように痛むことから、「ファイヤー・アント（火アリ）」とよばれています。繁殖力がとても高くて攻撃的なので、在来のアリを周辺から追いはらい、集団でほかの昆虫や小動物をもおそいます。また、農作物やその種子なども食べてしまいます。このほかに、洪水で流されても集団でいかだのようにかたまり、水面をただよって生きのころうとするしぶとさももっています。

恐ろしいヒアリの毒針

ヒアリに刺されるとはげしい痛みやかゆみがあり、やがて膿が出ます。体質によっては、じんましんが出たり、はげしいアレルギー反応（アナフィラキシーショック）を起こしたりして、処置がおくれると死亡することもあります。集団で行動しているため、一度に何か所も刺されるおそれがあり、海外では数十例の死亡事故も起きています。

▲ヒアリは、出し入れできる腹部の先の毒針で刺します。

昆虫類
アルゼンチンアリ
ハチ目アリ科

大きさくらべ 実物大
体長　約2.5～3mm（働きアリ）

原産地 南アメリカ
日本国内の分布 東京都、神奈川県、静岡県、愛知県、岐阜県、京都府、大阪府、兵庫県、岡山県、広島県、山口県、徳島県

1993年に広島県で初めて見つかった外来アリで、海外から輸入される木材などにまぎれて国内に入ってきたと考えられています。街の中にすみつくことが多く、ひとつの巣に女王アリが何びきもいて、とてつもない数の群れをつくります。集団で在来のアリの巣をおそってぜんめつさせたり、周辺の自然環境に影響をあたえたりします。また、農作物に被害をあたえたり、食べ物をもとめて家の中に入りこんだりします。

大集団で日本のアリをおそう
外来生物　特定　緊急

街や野原、山林にいる危険生物・外来生物

まだまだいる！危険な外来アリ

ヒアリやアルゼンチンアリのほかにも、日本国内に入りこんでいる外来アリがいます。アカカミアリは国内のいくつかの地域で見つかっていて、ヒアリほど強い毒ではありませんが、毒針をもっています。

ブラウジング・アントというアリは、毒針はもっていませんが、ひじょうにすばやく動きます。ほかの昆虫や小動物をつぎつぎとおそい、巣に引きずりこんで食べてしまいます。

さらに、コカミアリという毒針をもつアリも、今後日本に入ってくるおそれがあります。

◀アカカミアリ。沖縄県や近畿地方などで見つかっています。草地などの開けた場所に巣をつくり、大きな巣ではさまざまなサイズの働きアリが見られます。

▶ブラウジング・アント。「ハヤトゲフシアリ」ともよばれます。2017年に愛知県で初めて見つかりました。ブラウジングは英語でかじるという意味で、体の小さなアリですが、集団ですばやく動いて、えものをおそいます。

◀コカミアリ。まだ日本では見つかっていませんが、日本に入ってくることが心配されています。

昆虫類
オオスズメバチ
ハチ目スズメバチ科

大きさくらべ　実物大
体長　3〜4cm（働きバチ）

危険生物
刺す　毒

毒針で敵を刺すメスバチ軍団

日本国内の分布　北海道〜九州（屋久島まで）

世界最大のスズメバチで、日本をふくむ東アジアを中心に分布しています。雑木林などで、土の中や木の穴に巣をつくってくらしています。どうもうな性質の肉食のハチで、ほかの昆虫をおそっては大きなあごでかじりつきます。小型のハチの巣を集団でおそって、ぜんめつさせてしまうこともあります。働きバチはすべてメスで、おなかの先には毒液を送り出す針があり、刺されるとはげしく痛み、赤くはれて痛みやかゆみが続きます。また、この毒液にふくまれるにおい（フェロモン）には、なかまをよびよせてこうふんさせる働きもあります。巣に近づくものがいると、毒液を飛ばしてなかまをよび、いっせいに攻撃します。

二度目がこわいハチの毒

ハチに刺されたことがある人がふたたび刺されると、ハチの毒によるはげしいアレルギー反応（アナフィラキシーショック）を起こす危険があります。これが原因で毎年10〜20人ほどが死亡しているので、注意が必要です。秋はオオスズメバチがとくにこうげき的になるので、見かけたら静かにその場をはなれましょう。

毒針→

◀オオスズメバチの針。ハチの中でもとくに長く（6mmほど）、何度も刺すことができます。

昆虫類

キイロスズメバチ
ハチ目スズメバチ科

大きさくらべ 実物大
体長 2～2.5cm（働きバチ）

日本国内の分布 本州～九州（屋久島まで）

スズメバチのなかまでもっとも小型ですが、オオスズメバチに負けないくらいこうげき的です。住宅地にも多く見られ、建物ののき下や屋根うらに大きな丸い巣をつくることがあります。活動期間も春から秋までと長く、刺される事故が一番多いのもこの種なので注意が必要です。

危険生物　刺す　毒

民家に巣をつくるやっかい者

昆虫類

ツマアカスズメバチ
ハチ目スズメバチ科

大きさくらべ 実物大
体長 2～3cm（働きバチ）

原産地 中国、台湾、東南アジア（フィリピンをのぞく）、インドなど
日本国内の分布 対馬（福岡県、宮崎県、壱岐でも発見されています）

2012年に初めて長崎県の対馬で確認された外来のスズメバチです。おなかの先のほうが赤っぽい色をしているのが特徴です。とてもどうもうで、巣に近づいたものをしつこく追いかけてこうげきしてきます。また、ミツバチをよくおそうことから、定着すると養蜂業などにも影響が出ると考えられています。

危険外来生物　刺す　毒　特定　緊急

アジア大陸からやってきたスズメバチ

街や野原、山林にいる危険生物・外来生物

17

昆虫類
セグロアシナガバチ
ハチ目スズメバチ科

大きさくらべ　実物大
体長　2〜2.6cm（働きバチ）

日本国内の分布
本州以南の日本全国

やや小型で長いあしをもつアシナガバチのなかまで、街の中でよく見られ、建物ののき下や庭木の枝に巣をつくります。ガやチョウの幼虫を食べる益虫（人間に役立つ虫）で、性質はおとなしいのですが、気がつかずに巣に近づくとおなかの毒針で攻撃してきます。毒はスズメバチほど強くありませんが、刺されるとはげしく痛みます。

危険生物　刺す　毒

益虫だがおこらせるとこわい

昆虫類
セイヨウオオマルハナバチ
ハチ目ミツバチ科

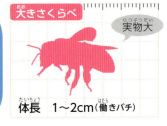

大きさくらべ　実物大
体長　1〜2cm（働きバチ）

原産地 ヨーロッパ
日本国内の分布 北海道

1991年に、トマト栽培で花の受粉を助けるために輸入されたミツバチのなかまです。おなかの先の部分が白いのが特徴です。ビニールハウスからにげだしたものが野生化しています。在来のマルハナバチより大型で繁殖する力が高く、追いはらったり、その巣を乗っとったりします。

外来生物　特定　産業

トマトづくりにかかせないハチ

昆虫類
セイヨウミツバチ
ハチ目ミツバチ科

大きさくらべ　実物大
体長　1.2〜1.7cm（働きバチ）

街や野原、山林にいる危険生物・外来生物

原産地　ヨーロッパ、アフリカ、西アジアなど
日本国内の分布　日本各地

外来生物

養蜂業でより多くのハチミツをとるために、1870年代の終わりごろに日本にもちこまれました。それまでの日本の養蜂業は、在来生物であるニホンミツバチが利用されていましたが、ひとつの巣にすむ働きバチの数、1ぴきが集めるハチミツの量が多いセイヨウミツバチが主流になり、全国に広がりました。

花のみつをたくさん集める働きもの

セイヨウミツバチの野生化とオオスズメバチ

　セイヨウミツバチは体が大きくて数も多いので、養蜂場からにげだして野生化するとニホンミツバチのすむ場所がうばわれるおそれがあります。しかし、天敵であるオオスズメバチが、幼虫のえさを集めるためにセイヨウミツバチの巣をおそうので、たいていは野生化する前にぜんめつしてしまいます。

　ニホンミツバチも巣をおそわれますが、オオスズメバチをたいじする技があるので、ぜんめつすることはそう多くはありません。オオスズメバチがいない小笠原諸島や沖縄県などでは、セイヨウミツバチの野生化が確認されています。

▲セイヨウミツバチの巣をおそうオオスズメバチ。集団で取りかこんでていこうしますが、オオスズメバチにはかないません。外来生物であるセイヨウミツバチの野生化をオオスズメバチが防いでいるといえます。

▶ニホンミツバチは、オオスズメバチが巣に入ってくると、集団で取りかこみます。さらに高速で羽をふるわせることで温度を上げ、蒸し焼きにします。オオスズメバチは高温に弱いので、たいていは死んでしまいます。

昆虫類

チャドクガ
チョウ目ドクガ科

大きさくらべ　実物大
体長　約2.5cm（成長した幼虫）

危険生物（毒）

毒針毛をもつ危険な毛虫

▶チャドクガの幼虫。
▲チャドクガの成虫。

日本国内の分布　本州〜九州

ガの幼虫は体に毛がはえているものが多く、「毛虫」とよばれます。チャドクガの幼虫はその中でもとくに強い毒をもつ毛虫で、ツバキやチャノキ、サザンカの葉を食べるため、公園や庭などでよく見られます。長くて目立つ白い毛には毒はなく、体の黒いこぶの部分に生えているとても細かい針のような毛（毒針毛）に毒があります。この毛にふれてしまうとはげしいかゆみや痛みが続き、かきむしると毒の毛が広がり、さらにかぶれてしまいます。毒針毛は抜けやすく、さなぎや成虫の体、卵にもくっついているので、幼虫以外にも注意が必要です。

もっと知りたい！

イラガ（チョウ目イラガ科）

イラガの幼虫も、ドクガほど強くはありませんが、毒をもっています。大きさは全長約2.5cmで、体に突起があり、そこに毒のとげがいくつもはえています。このとげをさわってしまうと、すぐにはげしい痛みがあり、刺された部分が赤くはれあがります。北海道〜九州に分布し、野山だけではなく、庭の木などでも見られるので、注意が必要です。

昆虫類
アカボシゴマダラ ※外国産亜種
チョウ目タテハチョウ科

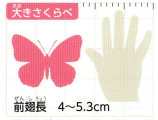
前翅長 4〜5.3cm
※前翅長＝前ばねのつけ根から先までの長さ

外来生物　特定　重点
※奄美諸島の亜種をのぞく。

街や野原、山林にいる危険生物・外来生物

人間が放した外来のチョウ

原産地　中国、朝鮮半島、台湾など
日本国内の分布　関東地方、山梨県、静岡県、福島県、愛知県など

日本では、本来は九州と沖縄の間にある奄美諸島だけにすむめずらしいチョウでした。しかし、1998年に神奈川県で見つかり、その後関東地方を中心に日本各地で見つかっています。これらは中国にすむ同じグループの別のチョウ（亜種）で、人間の手でわざと放されたものと考えられています。アカボシゴマダラの幼虫は、日本に元からすむオオムラサキやゴマダラチョウなどの幼虫と同じ植物の葉（エノキなど）を食べます。食べ物の取り合いになるので、在来のチョウがへってしまうおそれがあります。

\もっと知りたい！/
ホソオチョウ （チョウ目アゲハチョウ科）

中国や朝鮮半島、ロシア南東部に分布する外来のチョウで、アカボシゴマダラと同じように、わざと日本に放されたと考えられています。幼虫はウマノスズクサという草を食べますが、日本に元からすむジャコウアゲハの幼虫と同じなので、食べ物の取り合いになるおそれがあります。実際に両方の種がいる場所では、ジャコウアゲハの方が少なくなっているという報告もあります。

昆虫類
ヒトスジシマカ
ハエ目カ科

大きさくらべ 実物大
体長 4〜5mm

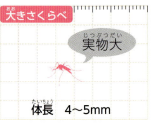

日本国内の分布
東北地方より南の日本各地

おなかに白黒のしまもようがあるカで、よく「ヤブカ」とよばれています。街の中から山林までさまざまな環境にすみ、小さな水たまりがあればどこでも発生します。注射針のような口をもち、オスは血を吸わず、メスだけが卵を産むために人や動物から血を吸います。おもに5月から11月に見られ、日中に血を吸います。血を吸われたときに送りこまれただえきが体内でアレルギー反応を起こし、かゆみの原因となります。

危険生物 吸血／伝染病

血を吸って病気も運ぶヤブカ

カが伝染病を運んでくる!?

カのなかまはたくさんの人間の血を吸うので、伝染病にかかっている人の血を吸ったときに、ウィルスなどをもらってくることがあります。その状態のカが血を吸うと、吸われた人間はウィルスなどをうつされて伝染病にかかってしまう可能性があります。カが伝染病の運び屋といわれるのはこのためです。

ヒトスジシマカはデング熱やジカ熱などのウィルスを運びます。ほかにも、アカイエカのなかまは西ナイル熱や日本脳炎などのウィルス、ハマダラカのなかまはマラリアの原虫（動物に寄生して病気の原因になる微生物）を運びます。

▲アカイエカのなかま。街の中でとくによく見られるカで、家の中にもよく入りこみます。人間やほにゅう類、鳥類などの血を吸います。

◀ハマダラカのなかま。水田や山中の川の近くで見られます。人間の血も吸いますが、おもにウシやウマなどの大型のほにゅう類の血を好みます。

昆虫類

アカウシアブ
ハエ目アブ科

大きさくらべ 実物大
体長 2.5〜3cm

街や野原、山林にいる危険生物・外来生物

日本国内の分布 北海道〜九州

アブはハエに近い昆虫で、体つきもハエによく似ています。アカウシアブはスズメバチのような黄と黒のしまもようで、山地や牧場などの周辺でよく見られます。血を吸うときは、口でかみついて傷をつくり、そこからにじみ出る血をなめます。かまれるとはげしい痛みがあり、かまれた部分は数日間、赤くはれてかゆくなります。

危険生物 吸血

かみついて血をなめる

昆虫類

アシマダラブユ
ハエ目ブユ科

大きさくらべ 実物大
体長 3〜4mm

日本国内の分布 日本全国

ブユは小型でハエに近い昆虫で、「ブヨ」「ブト」ともよばれます。山や高原で近くに水のきれいな川がある場所に多くすみ、動物や人の血を吸います。皮ふを切ってから口をつきさして血を吸うので、痛みがあり、赤く大きくはれて、1週間以上もかゆみやうずきが続きます。群れていることが多いので、注意が必要です。

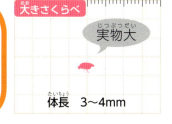

危険生物 吸血

小さな体でアブよりも強い痛み

23

昆虫類

ミイデラゴミムシ

コウチュウ目ホソクビゴミムシ科

大きさくらべ　実物大
体長　約1.6cm

日本国内の分布
北海道〜九州(奄美大島まで)

ゴミムシのなかまで、水田や畑の周辺、平地のしめった場所に多く見られます。敵におそわれると、おなかの先からいやなにおいのする高温のガスを噴射するため、「へっぴり虫」とよばれます。このガスにふれると熱さに加え、ピリッとした痛みを感じます。また、皮ふに茶色っぽいシミと、いやなにおいがつきます。

ガス噴射で身を守るへっぴり虫

昆虫類

マメハンミョウ

コウチュウ目ツチハンミョウ科

大きさくらべ　実物大
体長　1.2〜1.7cm

日本国内の分布　本州〜九州

畑の周辺や山地の草むらで見られます。ダイズなどのマメ類やナス、ジャガイモなどの葉を食べて、農作物に被害をあたえる害虫です。敵におそわれると、あしの関節部分から強い毒をふくむ黄色い液を出します。毒液をさわってしまうと、赤くなってやけどのような水ぶくれができ、かゆみや痛みが続きます。

関節から黄色い毒液を出す

▲黄色い毒液を出すマメハンミョウ。

昆虫類
クビアカツヤカミキリ
コウチュウ目カミキリムシ科

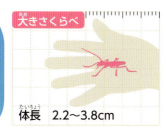
大きさくらべ
体長 2.2〜3.8cm

街や野原、山林にいる危険生物・外来生物

外来生物
特定 総合

日本の木を食いあらす外来カミキリムシ

原産地 中国、朝鮮半島、台湾、ベトナムなど
日本国内の分布 愛知県、埼玉県、群馬県、東京都、大阪府、徳島県、栃木県

黒い体で、首（胸の部分）だけが赤いのが特徴です。2012年に愛知県で発見され、日本には輸入された木材などにまぎれて入りこんだと考えられています。市街地や公園、果樹園とその周辺などで見られます。カミキリムシのなかまの幼虫は、木に穴をあけて弱らせたり、かれさせたりするほか、成虫が木の病気を運ぶことがあります。クビアカツヤカミキリも、幼虫がサクラやウメ、モモ、ポプラなどの木に害をあたえるので、花見の名所や果樹園の木がかれてしまうおそれがあります。

人間にも害がおよぶこともある

日本では民家周辺にサクラやウメの木が植えられているため、被害にあった木がかれてたおれると、人間をまきこむ事故が起きるおそれがあります。また、すでに一部のモモ果樹園でモモの木がかれてしまうなど、農業にも大きな被害が出ています。

▲クビアカツヤカミキリの被害にあった木。幼虫は、木の中を食いあらし、まわりにふんと木くずがまじったものをまきちらします。

外来生物コラム
人気のカブトムシクワガタムシも外来生物!?

日本で野生化するおそれがある外国産のカブトムシやクワガタムシ

かつて外国産のカブトムシやクワガタムシは、日本に輸入することが禁止されていました。1990年代に法律がゆるめられて、手続きをすれば輸入できるようになり、外国産のカブトムシやクワガタムシの飼育が流行しました。2004年には100万びき以上が国内にもちこまれたといわれています。2007年からは、外来生物法によって、輸入時に検査や証明書をつけることが義務づけられましたが、それでも年に50万～60万びきが輸入され、ペットショップなどで安い値段で売られています。

近年、これらの外国産カブトムシやクワガタムシが野外で発見されることがふえています。なかには、日本の在来の種類と雑種をつくってしまっている例もあります。外国産の昆虫を飼う人は、しっかりと管理して、最後まで責任をもって飼いましょう。

▼コーカサスオオカブト
（コウチュウ目コガネムシ科）

東南アジア（インドシナ半島～マレー半島、ジャワ島、スマトラ島）原産のカブトムシ。アジア最大のカブトムシで、オスの大きいものは全長が13cmにもなります。人気が高くて飼育数も多いので、野外ににげだすことが心配されています。

> 日本のカブトムシのなわばりをうばってしまうおそれがある！

◀スマトラオオヒラタクワガタ
（コウチュウ目クワガタムシ科）

インドネシアのスマトラ島原産のクワガタムシのなかま。オスは最大で全長10cmになります。りっぱなあごと大きな体で人気があり、日本でも多く売られています。

> スマトラオオヒラタクワガタと日本にすむヒラタクワガタとで、雑種が生まれてしまう！

▼マキシムスマルバネクワガタ
（コウチュウ目クワガタムシ科）

インドシナ半島（ベトナムやカンボジアなど）が原産のクワガタムシのなかま。全長6cmほどですが、マルバネクワガタの中では最大です。沖縄などにしかいないマルバネクワガタのなかまを守るため、輸入が禁止されています。

> 日本のマルバネクワガタのすみかをうばってしまうかも！

▶左はオキナワマルバネクワガタ（在来）、右はマキシムスマルバネクワガタ。とてもよく似ています。

▼ ヤンソニーテナガコガネ
（コウチュウ目コガネムシ科）

中国南部〜ベトナム北部が原産のコガネムシのなかま。天然記念物に指定されていて、沖縄本島の北部にしかいないヤンバルテナガコガネを守るため、外国産のテナガコガネ類は輸入や飼育が禁止されています。

ヤンバルテナガコガネにとくによく似ていて、雑種をつくってしまうおそれがある！

日本のテナガコガネの幼虫のすみかや食べ物をうばってしまうおそれがある！

▲ バターレルテナガコガネ
（コウチュウ目コガネムシ科）

ベトナム北部原産のコガネムシのなかま。体に金属のようなつやがあり、美しい見た目で人気があります。外国産のテナガコガネ類なので輸入や飼育が禁止されています。

街や野原、山林にいる危険生物・外来生物

北海道と沖縄にはカブトムシがいなかった!?

今では日本各地で見られますが、1970年代より前は北海道にカブトムシはいませんでした。本州から九州に分布していたカブトムシを人間が北海道にもちこんで、それらが野生化してしまったのです。

また、とても細かく分けると、北海道から本州にいるカブトムシは「ヤマトカブトムシ」、沖縄にいるカブトムシは「オキナワカブト」で、それぞれ別の種類（亜種）になります。沖縄で売られているヤマトカブトムシが野外ににげだすと、オキナワカブトと雑種をつくってしまうおそれがあります。日本の動物や植物も、分布する地域は種類ごとに決まっています。外来生物問題は、日本国内でも起こる問題なのです。

◀北海道〜九州で見られるヤマトカブトムシ。大きな角をもっています。

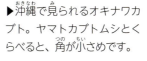

▶沖縄で見られるオキナワカブト。ヤマトカブトムシとくらべると、角が小さめです。

クモ類
セアカゴケグモ
クモ目ヒメグモ科

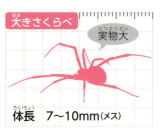
大きさくらべ　実物大
体長　7～10mm（メス）

危険外来生物
かむ／毒／特定／緊急

街の中にひそむ黒い毒グモ

▲セアカゴケグモのメス。おなかに赤いもようがあります。

▲セアカゴケグモのオス。大きさは3～4mmです。

原産地 オーストラリアと考えられている
日本国内の分布 本州～九州の各地、沖縄島

丸いおなかと細長いあしをもつ、ゴケグモというグループのクモのなかまです。「ゴケ（後家）」とは、夫と死に別れた女性を意味します。ゴケグモはメスのほうが体が大きく、メスは交尾が終わると相手のオスを食べてしまうという説から、名づけられました。セアカゴケグモは1995年に大阪府で初めて発見され、日本各地で見つかっています。建築資材などにまぎれて、日本に入ってきていると考えられています。穴やすき間などせまい場所を好み、街の中の側溝（道路の排水溝）、かべのわれ目、自動販売機や大きな石の下などに巣をつくります。

強い毒をもつのはメスだけ

セアカゴケグモは、オスもメスも毒（α－ラトロトキシン）をもっていますが、メスのほうが体が大きいため、毒の量も多くなっています。本来はおとなしい性格なので何もしなければ攻撃してきませんが、つかんだりするとかみついてきます。かまれるとはげしい痛みがあり、はき気などが起きることもあります。海外では死亡例もあるので、見つけてもけっして手を出してはいけません。

▲セアカゴケグモのメスと卵のう（卵のかたまり）。卵のうは白っぽい色をしています。

←卵のう

クモ類
ハイイロゴケグモ
クモ目ヒメグモ科

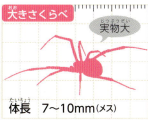

大きさくらべ　実物大
体長　7〜10mm（メス）

街や野原、山林にいる危険生物・外来生物

原産地 オーストラリア、中南米、太平洋島しょ
日本国内の分布 関東地方〜九州の各地、沖縄県

やや茶色がかった色で、セアカゴケグモと同じような場所にすみます。国内で見つかっているのは国際的な貿易港がある場所なので、コンテナなどにまぎれて入ってきたと考えられています。オスもメスも同じようなもようですが、メスのほうが大きいため毒が強く、かまれるとはげしい痛みや体の不調を起こします。

危険外来生物　かむ　毒　特定　緊急

◀ハイイロゴケグモのメス。
卵のう

地味な色でも毒がある

まだまだいる！危険なゴケグモたち

セアカゴケグモとハイイロゴケグモのほかにも、危険なゴケグモのなかまがいます。クロゴケグモは北アメリカ中部〜南アメリカ原産のゴケグモです。セアカゴケグモに近い見た目で、同じようにせまいすき間などに巣をつくります。クロゴケグモにかまれると痛みや体の不調が起こり、アメリカなどでは小さい子どもの死亡例もあります。

ジュウサンボシゴケグモは、ヨーロッパ〜中央アジア原産のゴケグモです。ここで紹介している4種のゴケグモの中でもっとも強い毒をもち、西アジアで死亡例があります。

▲クロゴケグモ（メス）。セアカゴケグモに似ています。日本で見つかっているのは今のところ山口県と滋賀県だけですが、今後ふえていくおそれがあります。

▶ジュウサンボシゴケグモ（メス）。お腹に小さな赤いもようがいくつもあります。今のところ日本国内で見つかったことはありませんが、今後入ってくるおそれがあります。

29

クモ類

カバキコマチグモ
クモ目フクログモ科

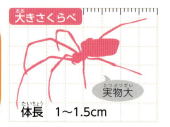
大きさくらべ　実物大
体長　1〜1.5cm

日本国内の分布
北海道〜九州

草地にすみ、ススキなどの葉をまいて、脱皮や産卵のための巣をつくります。巣だと気づかずにまかれた草をさわってしまうと、中にいるカバキコマチグモにかまれることがあります。毒をもっているため、かまれると強く痛みます。ひどい場合は、熱が出たり、頭痛や吐き気が起きたり、息が苦しくなったりすることもあります。

草をまいて巣をつくる毒グモ
危険生物（かむ・毒）

ムカデ類

トビズムカデ
オオムカデ目オオムカデ科

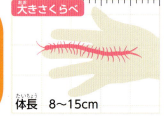
大きさくらべ
体長　8〜15cm

日本国内の分布
本州〜九州、琉球列島

くさった木や落ち葉の下など、しめり気のある場所にすみ、畑や人家にもあらわれます。頭部に毒を出す一対の大きなつめがあり、さわろうとするとつめではさんできます。つめの先が刺さると、強く痛みます。かまれた部分は赤くはれて、しびれやかゆみが起こります。何度もかまれるとアレルギー反応を起こすおそれもあります。

毒のつめでえものをはさむ
危険生物（はさむ・毒）

クモ類

ヤマトマダニ
ダニ目マダニ科

体長 2～3mm

街や野原、山林にいる危険生物・外来生物

危険生物 吸血 伝染病

血を吸って病気もうつす手ごわいダニ

日本国内の分布　北海道～九州

ダニは昆虫ではなく、クモに近い動物です。マダニのなかまは草むらや雑木林のやぶなどにすみ、動物や人間がはく息の中の二酸化炭素を感じとって体に取りつき、かみついて血を吸います。一度かみつくと数日間もはなれず、むりやりとろうとすると皮ふに食いこんだ頭だけが残ってしまいます。ヤマトマダニに血を吸われると、病気の原因になるウィルスをうつされることがあり、症状がひどくなると死んでしまうおそれもあります。野外で遊ぶときは、むやみに草むらなどに入らないようにしましょう。

\もっと知りたい！/

フタトゲチマダニ（ダニ目マダニ科）

血を吸って、体がふくらんだ状態。

フタトゲチマダニは、日本各地で見られるマダニのなかまです。重症熱性血小板減少症候群（SFTS）という病気のウィルスをもっていることがあります。この病気には治療法がなく、悪化すると10人に1～3人が死んでしまいます。近年、西日本を中心にフタトゲチマダニが原因でこの病気が発生していて、たいへんな問題になっています。

環形動物

ヤマビル
ヒル目ヒルド科

大きさくらべ　実物大
全長2.5～3.5cm

危険生物　吸血

痛みを感じさせずに血をぬすむ吸血ヒル

日本国内の分布 岩手県・秋田県より南の日本各地

ヒルは、ミミズやゴカイなどに近い動物です。山地の森林にすみ、とくにあまり日が当たらずしめり気の多い場所を好みます。落ち葉や石の下にひそみ、動物や人間のはく息の中の二酸化炭素、体温、震動などを感じて体に取りつき、血を吸います。体をのびちぢみさせながらすばやく動き、衣服のすき間から中に入りこむこともあります。近年、農村部の人がへって森林や農地が手入れ不足になり、シカなどの野生の動物がふえて山からおりてきています。このことが影響して、山のふもとでヒルの数がふえて、吸血被害が多くなっています。

血を吸われてもいたくない!?

ヤマビルは毒や病気の原因になるウィルスはもっていません。しかし、血を吸うときに麻酔のような働きをする物質を出すため、痛みやかゆみがなく、血を吸われていることになかなか気づきません。さらに、血がかたまりにくくなる物質も出すため、ヤマビルがはなれてもしばらくは血が止まりません。

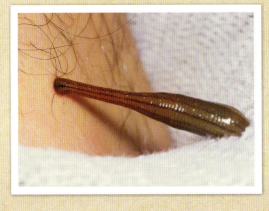

◀ヤマビルがくっついていたら、火を近づけるか、虫よけスプレーをふきつけるとはなれます。

軟体動物

アフリカマイマイ
柄眼目アフリカマイマイ科

大きさくらべ
殻高 10〜15cm
殻高=貝殻の頂上から下の部分までの長さ

街や野原、山林にいる危険生物・外来生物

原産地 アフリカ東部
日本国内の分布 小笠原諸島、鹿児島県、沖縄県

危険外来生物
寄生虫 重点

外来のカタツムリで、1932年ごろに食用にするために沖縄県にもちこまれました。にげだしたものが野生化しています。体が大きく、繁殖力や競争力が強いため、日本に元からすむカタツムリのなかまを追いはらったり、農作物を食いあらしたりします。重い病気の原因になる寄生虫（広東住血吸虫）をもっていることもあるので、素手でさわらないようにしましょう。

食用にならなかった大型カタツムリ

軟体動物

マダラコウラナメクジ
柄眼目コウラナメクジ科

大きさくらべ
全長 10〜15cm

原産地 ヨーロッパ
日本国内の分布 北海道、福島県、茨城県、長野県、島根県

外来生物
総合

2006年に茨城県で初めて見つかった外来のナメクジです。輸入された観葉植物などの植木ばちに卵が入っていたと考えられています。大型で雑食性のため、農作物を食いあらすおそれがあります。また、はっきりとわかっていませんが、病気の原因になる寄生虫をもっている可能性もあるため、けっして素手でさわらないようにしましょう。

ヒョウがらの大型ナメクジ

ほにゅう類

タイワンザル
サル目オナガザル科

大きさくらべ
体長 35〜55cm

外来生物 特定 緊急

閉園した動物園からにげだした外来のサル

原産地 台湾
日本国内の分布 伊豆大島、和歌山県

平地や山地の林にすむサルのなかまで、ニホンザルに似ていますが、長いしっぽをもちます。本来は台湾だけにいるサルなのですが、動物園で飼育展示するために日本にもちこまれました。しかし、動物園が閉園になり、そこからにげだしたタイワンザルが伊豆大島や和歌山県の北部などで野生化しました。和歌山県では農作物を食いあらしたり、ニホンザルとの間に雑種をつくったりして問題を起こしていましたが、ほとんどがとらえられました。かつて青森県の下北半島でも野生化していましたが、ニホンザルを守るためにすべてとらえられました。

もっと知りたい！

アカゲザル（サル目オナガザル科）

アジア南部にすむサルのなかまで、観光施設で飼育展示するために中国からもちこまれたものがにげだして、千葉県で野生化しています。タイワンザルと同じように尾が長いので、ニホンザルと見わけられます。野生化した場所からニホンザルを追いはらったり、ニホンザルとアカゲザルの雑種が生まれたりする問題が起こっています。

ほにゅう類

フイリマングース

ネコ目マングース科

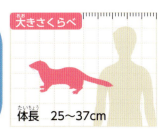

大きさくらべ
体長 25〜37cm

街や野原、山林にいる危険生物・外来生物

外来生物
特定 緊急

絶滅危惧種をおそう どうもうなハンター

原産地 アジア南部
日本国内の分布 鹿児島県、奄美大島、沖縄島

マングースはイタチに近い動物で、細長い胴と短いあしをもちます。原産地ではコブラなどの毒ヘビをおそって食べることがあるため、ハブやネズミをへらす目的で、1910年ごろに沖縄に、1979年ごろに奄美大島にもちこまれました。しかし、実際はハブを食べることは少なく、数の少ないめずらしい動物たちを食べてしまうので、たいへんな問題となっています。また、ニワトリをおそったり、農作物を食いあらしたりするため、フイリマングースの捕獲や、自然の豊かな地域に入りこまないようにする対策が行われています。

ねらわれる絶滅危惧種たち

フイリマングースは、アマミノクロウサギやヤンバルクイナなどをおそうことがあります。これらの動物は、世界でも奄美大島や沖縄島にしか分布していないうえに、数が少なく絶滅のおそれがある「絶滅危惧種」です。これらの動物を守るため、フイリマングースへの対策が必要とされています。

▲アマミノクロウサギ。奄美大島と徳之島にしかいないウサギです。

▲ヤンバルクイナ。クイナという鳥のなかまで、沖縄島にしかいません。

ほにゅう類
アライグマ
ネコ目アライグマ科

大きさくらべ
体長 40～60cm

危険外来生物
かむ｜寄生虫｜特定｜緊急

かわいいけれど農家をこまらす問題児

原産地 北アメリカ・中央アメリカ（カナダ南部～パナマ）
日本国内の分布 北海道～九州の各地

タヌキによく似た動物で、しっぽにしまもようがあります。森や水辺、街の中など、さまざまな環境でくらし、木登りが得意です。1970年代に放映されたアニメ番組の影響で、ペットとして数多く飼われるようになりました。しかし、性質があらいので、にげだしたり、放されたりして野生化しました。日本に元からすむ動物を追いはらったり食べたりするほか、人家にすみついてふんなどでよごしたり、農作物を食いあらしたりします。また、病気の原因になるウィルスや寄生虫などをもつので、もし見つけても近づかないようにしましょう。

農作物に大きな被害をあたえる

アライグマの体内には、「アライグマ回虫」という寄生虫がすみついていることがあります。国内では、動物園などで飼育されているアライグマからアライグマ回虫が見つかっています。この寄生虫が原因で起こる病気は、人間もかかってしまうおそろしい病気です。そのため、アライグマが食いあらした農作物は、病気をふせぐために捨てなくてはなりません。農家の人にとってはとてもたいへんな問題となっています。

◀▼アライグマが食いあらしたスイカ。中をくりぬくような特徴的な食べ方をします。

ほにゅう類

ハクビシン

ネコ目ジャコウネコ科

大きさくらべ
体長 61～66cm

街や野原、山林にいる危険生物・外来生物

原産地 ヒマラヤ、中国南部、台湾、東南アジア
日本国内の分布 北海道～九州の各地

ジャコウネコという動物のなかまで、ネコのような体つきでネコよりも鼻先がのびています。日本には、いつごろ、どのようにしてもちこまれたのか、はっきりしていません。おもに低地の山林にすみますが、農地や街にもよくあらわれます。くだものなどの農作物を食いあらすほか、人家の屋根うらなどに入りこむこともあります。

外来生物 重点

街の中をわがもの顔で動きまわる

人家に勝手にすみつくハクビシン

ハクビシンは、夜中に動きまわる夜行性の動物です。暗くなってから食べ物をさがしに動くので、夜の街で見つかることがあります。ネコかと思ったら、顔に特徴のあるもようがあり、後で調べたらハクビシンだったということも多いようです。

また、木登りが得意なので、お寺や神社、人家の屋根うらにかんたんに入りこみ、すみついてしまいます。同じ場所でふんやおしっこをするので、においやよごれの被害が出ています。

▶食べ物をもとめて、人家の敷地内にあらわれたハクビシン。

◀屋根うらにすみついたハクビシン。そこで子どもを産んでしまうこともあります。

▶ハクビシンのふんやおしっこでよごれた天井。同じところにするので、板がくさってしまうことがあります。

クリハラリス
ネズミ目リス科

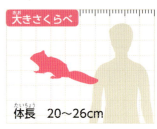
体長 20〜26cm

原産地 台湾、中国南東部〜ミャンマー〜インドシナ・マレー半島〜インド北東部
日本国内の分布 東京都、埼玉県、神奈川県、静岡県、岐阜県、大阪府、兵庫県、和歌山県、長崎県、大分県、熊本県

ペットや動物園の飼育動物として、台湾や中国からもちこまれたリスです。動物園からにげたり、個人が放したりして野生化しています。平地の林、公園や街の中などにすみ、木の皮をかじって木を弱らせるほか、電線などをかじる被害も出ています。農作物や在来のリスのなかまへの影響も心配されています。

何でもかじってしまう大型のリス

アムールハリネズミ
ハリネズミ目ハリネズミ科

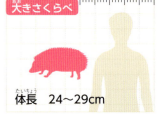
体長 24〜29cm

原産地 東アジア〜北東アジア
日本国内の分布 岩手県、栃木県、神奈川県、静岡県、長野県、富山県

ペットとして輸入されたハリネズミのなかまで、飼われていたものがにげだしたり放されたりしたと考えられています。草むらや農地、公園などにすみ、冬眠して冬をこします。現在は人間や環境への被害は出ていませんが、数がふえるとハリネズミの食べ物となる小動物（昆虫やカタツムリ、鳥のひな）などに影響が出るおそれがあります。

放されて野生化してしまった人気のペット

外来生物コラム
外来生物になった日本の生物

日本の在来生物も外国では外来生物

日本から人間の手でアメリカやヨーロッパなどにもちこまれ、現地で野生化し、外来生物として問題を起こしている生物がいます。その代表的なものに、コガネムシのなかまのマメコガネという昆虫がいます。アメリカでは「ジャパニーズビートル」とよばれ、作物を食いあらす害虫として、農業に大きな被害をあたえています。

また、日本から輸出された養殖の貝にまぎれてアメリカに入りこんだホソウミニナ、船のバランスをとるための水（バラスト水、→84ページ）にまぎれて世界に広がったワカメなども、外国から見ると問題を起こす外来生物なのです。

▼マメコガネ（コウチュウ目コガネムシ科）

日本原産のコガネムシです。ダイズやブドウなどの植物を好み、成虫は葉を、幼虫は根などを食いあらします。園芸植物などにまぎれてアメリカに入りこんだと考えられていて、1916年ごろにニュージャージー州で見つかったのがはじまりで、その後北アメリカで分布を広げています。

近年はヨーロッパでも見つかっていて、世界的な問題となっている！

◀ワカメ（コンブ目チガイソ科）

日本や韓国、中国などの海に分布する藻類です。多くの藻類は「胞子」という小さな細胞をばらまいて、子どもをふやします。その胞子が船のバラスト水にまぎれこんで、ニュージーランドやオーストラリア、フランスなどに運ばれ、現地の海辺の環境を変えてしまっています。

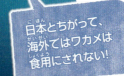

日本とちがって、海外ではワカメは食用にされない！

ホソウミニナ（吸腔目ウミニナ科）▶

日本をふくむ東アジアの海辺にすむ巻貝のなかまです。日本から運ばれた養殖用のマガキにまじって北アメリカに入りこみ、野生化しました。成長が早く、繁殖する力も強いので、同じような環境にすむ在来の貝を追いはらってしまい、問題となっています。

日本からの船がやってくる北アメリカの西側でとくにふえている！

街や野原、山林にいる危険生物・外来生物

鳥類
インドクジャク
キジ目キジ科

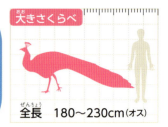
大きさくらべ
全長　180〜230cm（オス）

原産地 インド、スリランカ、パキスタン、バングラデシュなど

日本国内の分布 硫黄島（大隅諸島）、先島諸島など

キジのなかまの鳥で、オスは美しい尾羽を広げてメスに求愛します。観賞用に日本にもちこまれたものが、動物園などからにげだして野生化しました。小型の動物や植物を食べる雑食で、沖縄の島では絶滅危惧種のトカゲのなかまや、チョウなどの昆虫がへってしまったほか、ほかの鳥への影響や農作物への被害も心配されています。

外来生物　緊急

求愛するオス（奥）とメス（手前）。

日本で求愛する外来のキジのなかま

鳥類
ワカケホンセイインコ
インコ目インコ科

大きさくらべ
全長　約40cm

原産地 インド、パキスタン、スリランカ

日本国内の分布 東京都、千葉県、神奈川県、埼玉県、群馬県など

黄緑色の羽をもつインコで、ペットとして輸入されたものが何らかの理由で大量ににげだして野生化しました。とくに東京都の南西部に多く、大学の敷地をねぐらにして、そこから近くの県にまで出かけています。体が大きく集団でくらすため、ほかの鳥に影響をあたえるほか、農作物への被害、ふんによる被害などが心配されています。

外来生物　総合

都会をねぐらにするインコ軍団

◀大学の敷地内の木で夜をすごす、ワカケホンセイインコの大群。

40

鳥類

ガビチョウ
スズメ目チメドリ科

大きさくらべ
全長 20～25cm

街や野原、山林にいる危険生物・外来生物

外来生物
特定　重点

美しい声で鳴くが在来の鳥を追いはらう

原産地　中国南部、台湾、東南アジアなど
日本国内の分布　宮城県、福島県、関東地方～九州の各地

スズメに近いチメドリという鳥のなかまで、鳴き声が美しいために昔からペットとして輸入されていました。それがにげだしたり、放されたりして、野生化しました。平地のやぶの多い林にすみ、近年とてもふえていて人家周辺にもあらわれます。同じような環境にすむ多くの鳥を追いはらってしまうおそれがあります。実際にハワイでは、ガビチョウが入ってきて野生化したことで、在来の鳥が少なくなっています。また、同じグループのカオグロガビチョウやカオジロガビチョウも日本で野生化していて、問題になっています。

\もっと知りたい！/

ソウシチョウ（スズメ目チメドリ科）

ガビチョウと同じチメドリのなかまで、鳴き声もすがたも美しい鳥です。ペットとして輸入されたものがにげだしたり、放されたりして、関東地方から九州の各地で野生化しています。やや高い山のやぶのある林にすみ、冬は平地の林に移動します。在来の鳥を追いはらうおそれがあります。

は虫類

グリーンアノール
有鱗目イグアナ科

大きさくらべ
全長 12〜20cm

外来生物
特定 緊急

貴重な昆虫を食いあらす外来トカゲ

原産地 アメリカ南東部
日本国内の分布 小笠原諸島（父島、母島、兄島）、沖縄島、座間味島

緑色のトカゲのなかまで、ペットとしてもちこまれたものがにげだしたり、放されたりして野生化したほか、輸入された物資にまぎれて入ってきたと考えられています。森林や人家周辺で見られ、おもに木の上でくらしていて、すばやく動いて昆虫やクモをとらえます。小笠原諸島ではとくに数が多く、島の在来生物を食いあらすので、たいへんな問題になっています。実際に絶滅しかけている昆虫もいるため、国が中心となってグリーンアノールをとらえる対策を行っています。

おびやかされる小笠原の生物たち

小笠原諸島は、東京からおよそ1000km南にある大小30あまりの島じまで、海底火山の活動によってできました。周りを海にかこまれ、陸地との行き来もむずかしい環境で、島の生物たちは独自の進化をとげ、小笠原諸島にしかいない生物が数多く生まれました。これらの貴重な生物の一部は、外来生物のグリーンアノールによって絶滅の危機をむかえています。

▶グリーンアノールにつかまったオガサワラゼミ。小笠原諸島にしかいないめずらしいセミで、国の天然記念物にも指定されています。

は虫類

ミナミオオガシラ

有鱗目ナミヘビ科

全長 1.4〜3m

街や野原、山林にいる危険生物・外来生物

原産地 オーストラリア、ソロモン諸島、パプアニューギニア、インドネシア
日本国内の分布 なし（沖縄島で発見されています）

オセアニアにすむヘビのなかまです。本来はすんでいない太平洋などの島じまで見つかっていて、貨物にまぎれて入りこんだと考えられています。日本にはまだ定着はしていませんが、定着したグアム島ではひじょうに大きな問題となっています。海岸から平地の林にすみ、木の上でも地上でも活動し、在来の鳥やトカゲ、カエルなどに影響をおよぼします。また、弱い毒ももっています。

危険外来生物 かむ・毒・特定・定着予防

グアム島で在来の鳥を絶滅させた外来ヘビ

グアム島で起きた外来ヘビ問題

太平洋のマリアナ諸島にあるグアム島は、大陸と地続きになったことのない火山島で、グアムクイナという鳥など、この島だけでしか見られない小動物が多くすんでいました。ところが、1940年代ごろからアメリカ軍の物資にまぎれてミナミオオガシラが島に入ってきて、定着してしまったのです。

それまで島には大型の肉食動物がいなかったので、在来の動物たちはミナミオオガシラに対抗できず、どんどん食べられていきました。その結果、グアム島に元からすんでいた小動物の多くが絶滅、また絶滅寸前にまで追いこまれてしまったのです。

外来生物による同じような問題は、日本の南西諸島や小笠原諸島でも起きています。外来生物を入ってこさせない、定着させないことが重要なのです。

◀グアム島で行われているミナミオオガシラの調査のようす。在来の生物を守るため、ヘビ用のワナをしかけたり、ネズミの死体に毒を入れて空中からまいたりして、ミナミオオガシラをたいじする試みが行われています。

▶かつてグアム島にいたマリアナヒラハシという鳥の標本。ミナミオオガシラによって絶滅したと考えられています。

は虫類

ニホンマムシ
有鱗目クサリヘビ科

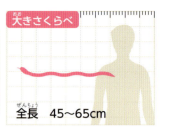

大きさくらべ
全長　45〜65cm

危険生物　かむ　毒

毎年1000人以上がかまれる危険な毒ヘビ

日本国内の分布　北海道〜九州（屋久島まで）

クサリヘビというヘビのなかまで、平地から山地の林にすみます。やぶや水辺、たおれた木などの物かげで多く見られ、低い木に登っていることもあります。気温の低い春先と冬眠前の秋、メスのおなかに子どもがいる真夏はよく日光浴をします。ネズミや鳥、ヘビ、トカゲ、カエル、魚など何でも食べます。おもに夜に活動しますが、顔に熱を感じる「ピット」という器官があり、くらやみでもえものを見つけることができます。強い毒の出るきばでかみついてえものを動けなくしてから飲みこみます。この毒は人にとっても危険なので注意が必要です。

おそろしいマムシの毒

マムシは体のもようが落ち葉にまぎれて見つけにくいので、知らずに近づいてしまい、かまれるという事故がよく起きています。かまれてから30分ほどで毒が回り、かまれた部分がはれて、はげしく痛みます。毎年数人が死亡していて、死んでしまった人の多くがかまれてから数時間後に病院に行っています。かまれたらすぐに病院に行くことがたいせつです。

◀マムシにかまれたあと（親指のつめの間）。はれは引いていますが、毒によって皮ふの一部が死んでしまい、色が変わっています。

は虫類

ヤマカガシ
有鱗目ナミヘビ科

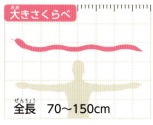
大きさくらべ
全長 70〜150cm

街や野原、山林にいる危険生物・外来生物

日本国内の分布
本州〜九州（屋久島まで）

平地から低い山の水辺近くで多く見られ、カエルを好んで食べます。口のおくにあるきばから強い毒を出すので、深く長くかまれると毒が回って死亡するおそれがあります。また、首からも毒液を出し、これが目に入ると失明する可能性があります。ただし、おとなしい性質なので、むりやりつかんだりしなければかまれません。

危険生物　かむ　毒

マムシよりも強い毒をもつ毒ヘビ

ヘビの毒には２種類ある

ヘビの毒は、大まかに分けて２種類あります。ひとつは、血液をかたまらなくさせたり、血管をこわしたりして出血させるほか、細胞そのものをこわしてしまう「出血毒」で、おもにクサリヘビのなかまがこの毒をもっています。

もうひとつは、神経の働きをじゃまして筋肉を動けなくさせる「神経毒」で、おもにコブラのなかまやウミヘビのなかまが多くもっています。

これらのヘビの毒は、そのヘビの毒からつくる抗血清という薬を使って治療します。もしヘビにかまれてしまったら、どんなすがたのヘビだったかをおぼえておき、病院でそれを伝えるとよいでしょう。

◀ニホンマムシのきば。注射針のようなしくみで、毒を送りこみます。ふだんは口の中で折りたたまれていて、口を開くときばが飛びだします。

▶カエルをおそうヤマカガシ。マムシをこえる強さの毒をもち、毒が回ると体のいろいろな場所から出血します。

は虫類

ハブ（ホンハブ）
有鱗目クサリヘビ科

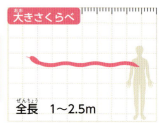
全長　1～2.5m

日本国内の分布
奄美諸島、沖縄諸島

平地から山地の林や草地、畑などにすむ夜行性のヘビです。木によく登り、人家に入りこむこともあります。とても攻撃的な性質で、飛びつくようにしてかみついてきます。毒はマムシよりも弱いのですが、体もきばも大きいので、大量の毒を相手に送りこみます。毎年100人近くがかまれ、まれに死んでしまう場合もあります。

大きなきばをもつ南の島の毒ヘビ

（危険生物　かむ　毒）

は虫類

タイワンハブ
有鱗目クサリヘビ科

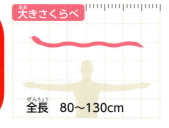
全長　80～130cm

原産地　中国南部、台湾、インドなど
日本国内の分布　沖縄島

観光施設での展示飼育や、ハブ酒の原料にするためにもちこまれたものが、にげだしたり、放されたりして、野生化しました。林や草地、畑などにすみます。小型であまり攻撃的ではありませんが、毒は在来のハブよりも強いといわれていて、かまれると危険です。また、在来のハブとの雑種が生まれるおそれがあります。

危険外来生物（かむ　毒　特定　緊急）

ショーに使われるためにもちこまれた毒ヘビ

外来生物コラム
植物にも外来生物がいっぱい

街や野原、山林にいる危険生物・外来生物

公園や道ばたの植物はじつは外来生物かも!?

公園や道ばたでふだん見かけている植物にも、外国から日本に入ってきて定着した外来の植物がまじっています。これらは「帰化植物」とよばれていて、輸入した貨物などに種がまぎれこんでいたり、園芸植物としてもちこまれたりして、野外に広まった植物たちです。帰化植物は繁殖力が高く、とくに公園や道ばたなど、人の手の加わった場所にもいち早く進出します。そのため、日本に元からあった植物を追いはらい、日本本来の自然のすがたを変えてしまうおそれがあります。

▼セイヨウタンポポ（キク科）

ヨーロッパ原産のタンポポです。牧草にするためにもちこまれたり、種が物資にまじったりして、日本中に広まりました。日本のタンポポがさく場所をうばうほか、雑種をつくってしまいます。

> 日本で見られるタンポポのほとんどが、セイヨウタンポポと日本在来のタンポポとの雑種なんだ!

> ほかの植物を弱らせて、草地一面に広がってふえてしまう!

◀セイタカアワダチソウ（キク科）

北アメリカ原産の植物です。観賞用やハチにみつ（ハチミツ）をとらせるための植物として、日本にもちこまれました。開けた場所にたくさんはえて、高くのびます。ほかの植物の生長をおさえる物質を出します。

> 花粉をたくさん飛ばすので、花粉症の原因植物のひとつになっている!

オオブタクサ（キク科）▶

北アメリカ原産で、家畜のえさにする穀物や土にまじって日本に入ってきたと考えられています。生長が早く、とても大きくなり、日本各地でふえています。

▼オオキンケイギク（キク科）

北アメリカ原産。観賞用や街の緑化用にもちこまれ、日本各地の埋め立て地や道路ぞいに植えられました。ふえる力が強いため、同じような場所にはえる在来の植物がへっています。

> あまりにふえすぎてしまうので、特定外来生物に指定され、栽培が禁止されている！

▼オオオナモミ（キク科）

北アメリカ原産。オナモミのなかまの植物は、「ひっつき虫」とよばれるとげだらけの実をつけます。オオオナモミは、その名の通り、日本のオナモミよりも大きな実をつけます。

> オオオナモミがふえたことで、日本在来のオナモミはほとんど見られなくなっている！

> つるでまきついて、種をたくさんつける。一度広がってしまうと、取りのぞくのがとてもたいへん！

◀アレチウリ（ウリ科）

北アメリカ原産の、ウリのなかまの植物です。輸入されたダイズに種がまじっていたと考えられています。畑や草地、植林地一面に広がり、ほかの植物を追いはらってしまいます。特定外来生物に指定されています。

▼ホテイアオイ（ミズアオイ科）

南アメリカ原産の水草です。観賞用や、飼育魚の食べ物にするために、日本にもちこまれました。水をきれいにする働きもあるのですが、水辺一面に広がり、日本在来の水草を追いはらってしまいます。

> 水面をおおってしまうので、船が出せなくなったり、漁業ができなくなったりして、世界各地で問題を起こしている！

ほにゅう類
ヌートリア
ネズミ目ヌートリア科

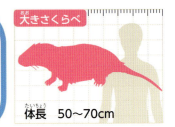
体長 50〜70cm

外来生物　特定　緊急

カピバラにそっくりなあばれんぼう

▶ヌートリアの歯。オレンジ色のかたくするどい歯です。

原産地 チリ、アルゼンチン、ボリビア、ブラジル南部
日本国内の分布 岐阜県、愛知県、三重県、京都府、大阪府、兵庫県、岡山県、鳥取県、広島県、島根県、山口県、香川県

泳ぎの得意な大型のネズミのなかまで、流れのゆるやかな河川や池などの水辺にすみます。1930〜40年代に、軍隊の防寒着に使う毛皮を取るために日本にもちこまれました。おもに西日本で飼われていて、にげだしたり、放されたりした結果、各地で野生化してしまいました。草食性で、水草などの植物や近くの田畑の農作物を食いあらします。地面に穴をほって巣をつくるため、堤防や土手をこわしてしまうことも問題になっています。

もっと知りたい！
マスクラット（ネズミ目ネズミ科）

マスクラットはネズミのなかまで、ヌートリアによく似ていますが少し小さめです。北アメリカから毛皮用にもちこまれ、にげだしたり、放されたりしたものが野生化しました。水辺を好み、東京都や千葉県、埼玉県の一部の河川の周辺で見られます。農作物や堤防への被害が心配されています。

50

鳥類
コブハクチョウ
カモ目カモ科

全長 約1.6m

原産地 ヨーロッパ西部、中央アジア、モンゴル、シベリア南部
日本国内の分布 北海道〜九州の各地

くちばしのねもとに黒いこぶがあるハクチョウのなかまです。ハクチョウのなかまには日本と海外を行ったり来たりする「渡り鳥」が多いのですが、コブハクチョウは一年中国内の湖や沼でくらす「留鳥」です。コブハクチョウの場合、公園や動物園で飼われていたものがにげだしたり、観賞用に放されたりしたものが野生化しました。今のところは大きな問題は起きていませんが、ほかの水鳥と競争関係になり、影響をあたえる心配があります。

1年中見られる外来のハクチョウ

水辺や池、川にいる危険生物・外来生物

渡り鳥は外来生物ではない？

渡り鳥とは、季節ごとに長距離を移動してすむ場所を変える鳥のことを指します。細かく分けると、冬の間だけ日本ですごす「冬鳥」、春から夏の間を日本ですごす「夏鳥」、移動のとちゅうで日本による「旅鳥」などがいます。

本州や四国、九州で見られる鳥の60%、北海道や沖縄で見られる鳥は80%近くが渡り鳥といわれています。外来生物は外からもちこまれた生物を指すので、自分の力で日本にやってくる渡り鳥は外来生物には当てはまりません。日本にもちこまれて野生化した留鳥のみが、外来生物となります。

▲オオハクチョウ。秋になるとロシアから日本の北海道や東北地方にやってきます。冬をこして春になると、ロシアにもどっていきます。コブハクチョウとちがい、渡り鳥なので外来生物ではありません。

は虫類

カミツキガメ
カメ目カミツキガメ科

大きさくらべ
背甲長　約50cm
※背甲長＝こうらの長さ

危険外来生物　かむ　特定　緊急

とがったくちばしでかみつく外来ガメ

原産地 北アメリカ〜南アメリカ北部
日本国内の分布 千葉県、静岡県など

アメリカ大陸原産の大型のカメです。ペット用にもちこまれましたが、性質があらく、とても大きくなるため、飼いきれなくなった飼い主が野外に放したと考えられています。流れのゆるやかな河川や池などにすみ、千葉県と静岡県で定着しているほか、日本各地で見つかっています。暑さにも寒さにも強く、長生きで、魚やカエル、カメ、カニ、昆虫、水草など、水辺の小さな在来生物をたくさん食べたり、日本のカメのすむ場所をうばったりするので、ひじょうに大きな問題となっています。

かみつく力が強い

カミツキガメのなかまは、するどいくちばし状の口をもち、かむ力もひじょうに強いのが特徴です。また、首が長くて、思った以上にすばやく遠くまでのびてきます。口の前に手や指を出すと、いきなりかまれるおそれがあるので、見つけてもぜったいに手を出してはいけません。

◀竹をかむカミツキガメ。かたい竹でも、ひとかみでくだいてしまいます。

は虫類
ワニガメ
カメ目カミツキガメ科

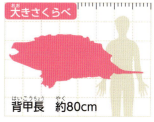
背甲長 約80cm

水辺や池、川にいる危険生物・外来生物

原産地 アメリカ合衆国南東部
日本国内の分布 なし(日本各地で発見されています)

大型のカミツキガメのなかまで、重さが100kgをこえることもあります。ペットとして輸入されたものが放されたと考えられています。関東地方から西の各地で見つかったり、つかまったりしていて、地域によってはすでに定着している可能性もあります。水辺にすむ在来生物や水草を食いあらすほか、人がかみつかれるおそれがあります。

危険外来生物 かむ 定着予防
超大型のカミツキガメのなかま

は虫類
スッポン
カメ目スッポン科

背甲長 約35cm

日本国内の分布 本州〜九州、琉球列島

日本をふくむ東アジアに分布するカメです。古くから食用にされてきたため、日本に元からすむもののほかに、中国などからもちこまれたものもいると考えられています。琉球列島のスッポンは、台湾からもちこまれたものが野生化しました。1まいのナイフのようなくちばしをもち、かむ力が強くて攻撃的なので、手を出すと危険です。

危険生物 かむ
ナイフのようなくちばしをもつカメ

は虫類

アカミミガメ
カメ目ヌマガメ科

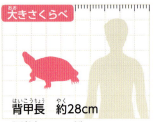

背甲長　約28cm
※背甲長＝こうらの長さ

外来生物　緊急

日本中で野生化してしまった外来ガメ

原産地 アメリカ合衆国南部〜メキシコ北東部
日本国内の分布 日本各地

頭の両側に赤いもようがあるカメで、ミシシッピアカミミガメともよばれます。飼われていたものが放されて、日本中で野生化しました。流れのゆるやかな河川や沼、公園の人工池などにすみ、水のきたない場所でも生きていけます。水草から小型の動物、その死がいまで何でも食べます。日本に元からすむカメと競争関係になり、食べ物をうばったり、すみかから追いはらったりするので、大きな問題となっています。また、カメには病気の原因になる微生物がついている可能性があるので、さわったらかならず手をあらいましょう。

輸入が禁止されるミドリガメ

アカミミガメの子ガメは緑色の体をしていて、「ミドリガメ」ともよばれています。日本には昔から大量に輸入されていて、外来生物が問題となっている今もペットショップや縁日の出店で売られています。飼いきれなくなったものが大量に放されて野生化しているので、近年のうちに輸入が禁止される予定です。

▲「カメすくい」のミドリガメたち。

は虫類

クサガメ

カメ目イシガメ科

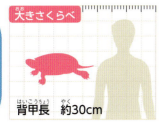

背甲長　約30cm

原産地 中国、朝鮮半島
日本国内の分布 日本各地

水辺や池、川にいる危険生物・外来生物

日本に元からすむカメと考えられていましたが、近年の研究で外来生物であることがわかりました。身を守るためにくさいにおいを出すので、「クサガメ」と名づけられました。流れのゆるやかな河川や湖、沼などにすみ、水草のほか、カニや昆虫などの小動物を食べます。子ガメは「ゼニガメ」の名で縁日などで売られています。

在来生物とされていたが実は外来生物だった

クサガメとニホンイシガメ

在来生物とされてきたクサガメですが、日本からクサガメの化石が出ないこと、江戸時代より古い時代（1603年より前）の記録がないことに加え、遺伝子の研究で朝鮮半島のものと同じ種類であることがわかりました。現在は、クサガメは18世紀（1701～1800年）以降に朝鮮半島や中国からもちこまれた外来生物だと考えられています。

クサガメは在来生物のニホンイシガメと競争関係になっているうえに、とても近いなかまなので雑種が生まれることがあります。外来生物ではありますが、クサガメは長く日本にすみつづけている生物でもあります。ニホンイシガメを守りつつ、クサガメとどのようにつきあっていくかを慎重に考えなくてはなりません。

▲ニホンイシガメ。外来のカメなどのせいで近年数がへっていて、絶滅が心配される「準絶滅危惧種」に選定されています。

▲写真は左右ともに、クサガメとニホンイシガメの雑種。両方の特徴を合わせもっています。「ウンキュウ」とよばれることもあります。

両生類

ウシガエル
無尾目アカガエル科

大きさくらべ

体長 11〜18cm

外来生物 特定 重点

食用にもちこまれた外来カエル

原産地 アメリカ東部・中部、カナダ南東部、メキシコ湾岸

日本国内の分布 日本各地

大型のカエルで、食用にするために、1918年ごろに日本にもちこまれました。アジアやヨーロッパではカエルを食材に使っていますが、日本ではあまり受け入れられませんでした。にげだしたり、放されたりしたものが野生化して、湖や沼、池、流れがゆるやかな河川などにすみついています。日本に元からすむカエルのなかまと競争関係になり、小型のカエルをえものとして食べてしまうので、在来のカエルにとってはとてもおそろしい存在です。

何でも食べてしまうウシガエル

ウシガエルは体が大きい分、とても大食いです。口に入る大きさなら何でも食べてしまいます。ウシガエルがふえると、昆虫、カニやエビ、魚など、あらゆる水生生物に大きな影響をあたえると考えられています。

▲アメリカザリガニを丸のみにするウシガエル。

両生類

オオヒキガエル
無尾目ヒキガエル科

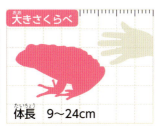
大きさくらべ
体長 9〜24cm

水辺や池、川にいる危険生物・外来生物

危険外来生物 毒 特定 緊急

強い毒をもち敵なしのカエル

▲オオヒキガエルが出す白くにごった毒液。

原産地 北アメリカ南部〜南アメリカ北部
日本国内の分布 小笠原諸島、先島諸島（宮古・八重山諸島）、大東諸島

南の地域でさかんなサトウキビ農業で、害虫をへらすためにもちこまれて放されました。人家近くの開けた場所にすみ、昆虫やカタツムリなどのほか、ときにはカエルや小型のほにゅう類まで食べます。小笠原や沖縄にすむめずらしい生物を食べてしまうので問題になっています。また、目の後ろの部分から強い毒液を出すため、オオヒキガエルをねらう生物がほとんどいません。繁殖力も高いので、多少つかまえてもどんどんふえてしまいます。また、オオヒキガエルを食べた鳥や動物が死んでしまうおそれもあります。

\もっと知りたい！/

アズマヒキガエル（無尾目ヒキガエル科）

東北地方から近畿地方などに分布する在来のヒキガエルで、「ガマガエル」ともよばれます。オオヒキガエルほど強くはありませんが、目の後ろの部分から毒液を出します。ヒキガエルをさわったら、かならず手をあらうようにしましょう。

57

両生類
チュウゴクオオサンショウウオ
有尾目オオサンショウウオ科

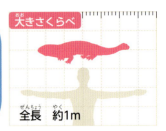

大きさくらべ
全長 約1m

山地の河川にひそむ外来のサンショウウオ

原産地	中国
日本国内の分布	京都府、三重県

オオサンショウウオのなかまは、おもに水の中でくらす両生類です。体がぬるっとしたねん液でおおわれていて、上からつぶされたような平たい体をしています。チュウゴクオオサンショウウオは、1972年ごろ、食用にするために中国から大量にもちこまれたものが野生化したと考えられています。山地の河川の中流や上流にすみ、魚やカエル、カニやエビ、昆虫などを食べます。日本に元からすみ、国の特別天然記念物にも指定されているオオサンショウウオとの雑種が生まれていて、たいへんな問題になっています。

天然記念物をおびやかす外来生物

チュウゴクオオサンショウウオが最初に見つかった京都府の賀茂川では、現在はほとんどがチュウゴクオオサンショウウオとオオサンショウウオの雑種になってしまい、元からいたオオサンショウウオはいなくなってしまった可能性が高まっています。チュウゴクオオサンショウウオも、雑種も、外見からはオオサンショウウオと見わけるのはむずかしく、遺伝子を調べて判断しなくてはいけないため、調査がひじょうにたいへんです。

▲オオサンショウウオ。本州の中部から九州に分布しています。

魚類
タイリクバラタナゴ
コイ目コイ科

全長 6〜8cm

水辺や池、川にいる危険生物・外来生物

外来生物 重点

在来生物を絶滅にむかわせる外来のバラタナゴ

原産地 中国、台湾、朝鮮半島
日本国内の分布 日本各地

1940年代に日本に入ってきた外来魚です。中国から食用にもちこまれたソウギョ（→67ページ）などの幼魚にまじって入ってきたと考えられています。その後、各地に放流されていたアユの幼魚にまじっていたり、ペットにされていたものが放されたりした結果、ほぼ日本全国で野生化しました。湖や沼、河川のよどみ、水路などにすんでいます。繁殖力が高く、環境の悪化にも強いため、日本に元からすむタナゴのなかまとの競争に勝ってすみかをうばってしまいます。また、在来魚のニッポンバラタナゴとの雑種が多く生まれていることも問題となっています。

絶滅が心配されるニッポンバラタナゴ

ニッポンバラタナゴは、日本に元からすむタナゴの一種で、タイリクバラタナゴとひじょうに近いなかまです。そのため、かんたんに雑種が生まれてしまい、雑種ばかりがふえています。さらに、環境の悪化がニッポンバラタナゴの数をさらにへらしているので、このままでは絶滅してしまうおそれがあります。

▲ニッポンバラタナゴ。絶滅危惧種に選定されています。

魚類
オオクチバス（ブラックバス）
スズキ目サンフィッシュ科

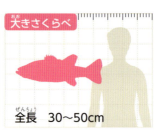

大きさくらべ
全長 30～50cm

外来生物
特定 緊急

人気の釣り魚でもやっかいな外来魚

原産地 カナダ南部、アメリカ合衆国中東部、メキシコ北部
日本国内の分布 本州～九州、沖縄県

1925年に食用のために神奈川県の芦ノ湖にもちこまれました。その後、釣り魚としての人気が高まり、各地に放された結果、日本各地でふえてしまいました。湖や沼、池、流れのゆるやかな河川の中流、下流にすみ、水草や水中にかくれるものが多い場所を好みます。魚やカニ、エビ、昆虫などを食べ、ときには水に落ちたヘビや鳥のひなまで食べてしまうことが知られています。大食いでよく動き、**繁殖力**も高いため、元からすんでいた魚たちは競争に負けてしまい、ほとんどすめなくなってしまいます。

もっと知りたい！
コクチバス（スズキ目サンフィッシュ科）

オオクチバスのなかまで、同じように釣り魚としてもちこまれ放されました。オオクチバスよりも水温の低い場所や流れの速い場所にすむことができ、本州の一部の県で定着しています。水中のさまざまな動物を食べ、漁業で重要なアユやマスのなかままで食べてしまうため、問題になっています。

魚類
ブルーギル
スズキ目サンフィッシュ科

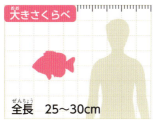
大きさくらべ
全長 25〜30cm

水辺や池、川にいる危険生物・外来生物

原産地 カナダ南部、アメリカ合衆国中部・東部、メキシコ北部
日本国内の分布 日本各地

日本には食用としての研究用にもちこまれ、一部の湖や沼に放されました。それらが広がった後、さらにオオクチバスのえさ用として、日本各地に放されてふえてしまったと考えられています。魚や昆虫、貝、水草など何でも食べ、とくに魚の卵や幼魚を好んで食べるために、ほかの魚にあたえる影響はオオクチバス以上に強いともいわれています。さらに一度に3万をこえる卵を産み、親魚が卵と生まれた仔魚を守るので、数がへらずにどんどんふえています。

外来生物 特定 緊急
なんでも食べるめいわく外来魚

琵琶湖の外来魚対策

琵琶湖は滋賀県にある日本で一番大きな湖です。ホンモロコ、ニゴロブナ、ビワマスなど、本来琵琶湖にしかいないめずらしい魚も数多くいます。ところが、オオクチバスやブルーギルなどの外来魚によって、それらの魚の数が大きくへっています。

琵琶湖では外来魚をへらすために、いっせいにつかまえたり、一度釣りあげた外来魚を湖にもどすことを禁止したりして、在来魚を守る試みを行っています。

▲琵琶湖から取りのぞかれた外来魚たち。いくらつかまえてもいなくならないほど、数がふえています。

▲琵琶湖の外来魚回収ボックス。釣りあげた外来魚を放流させないために、設置されています。

魚類

カダヤシ
カダヤシ目カダヤシ科

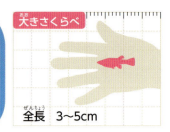

全長 3〜5cm

外来生物 特定 重点

蚊を絶やすためにもちこんでしまった魚

◀メス
◀オス

原産地 北アメリカ中部・南部
日本国内の分布 本州(福島県より南)〜九州、沖縄県、小笠原諸島

カの幼虫（ボウフラ）を食べてもらうことを期待して、台湾から日本にもちこまれた小さな魚で、各地で放されました。名前は、このことにちなんで「蚊絶やし」とつけられました。水のよごれに強く、流れのゆるやかな河川、農業用の水路、池などにすんでいて、昆虫やプランクトンなどを食べます。メダカによく似たすがたですがまったく別のグループの魚で、おなかの中で卵をふ化させて仔魚を産みます。オスとメスが一度交尾をすると、しばらくの間、メスは交尾なしでたくさんの仔魚を産みつづけます。

メダカを絶やそうとするカダヤシ

カダヤシは、メダカよりも攻撃的な性格です。メダカと競争関係になり、すみかをうばったり、メダカの卵や仔魚を食べたりします。ただし、流れのある場所や水温の低い場所は苦手で、その点ではメダカが勝っています。

◀野生のメダカのむれ。カダヤシがふえたことで、メダカがまったく見られなくなってしまった地域もあります。

魚類

グッピー
カダヤシ目カダヤシ科

全長 3.5〜5cm

原産地 南アメリカ北部、西インド諸島の一部
日本国内の分布 北海道、福島県、長野県、大分県、鹿児島県、沖縄県、小笠原諸島など

水辺や池、川にいる危険生物・外来生物

外来生物（総合）あたたかい水で生きのこった観賞魚

観賞魚として古くから人気のある魚ですが、飼いきれなくなって各地で放される問題が起きています。寒さに弱いので、たいていは冬をこせずに死んでしまいますが、水温が高い沖縄や小笠原などの地域、あたたかい水が流れる温泉地などで、生きのびて野生化しています。沖縄県では、元からすんでいたメダカだけでなく、同じ外来魚のカダヤシすら追いはらって、とてもふえています。また、カダヤシと同じように仔魚を産みます。

メダカを放すの、ちょっと待った！

開発や外来魚による影響でへってしまったメダカを復活させようという活動が、各地で行われています。ところが、近年の研究で日本のメダカにはキタノメダカとミナミメダカの2種類がいて、それぞれちがう地域にすんでいることがわかりました。

また、同じ種類でも、場所によってもっと細かな遺伝子のちがいがあることもわかりました。そのちがいを考えずに放してしまうと、本来の分布をみだしてしまいます。

また、ペットショップなどで売られている観賞用のメダカも、野外にはけっして放してはいけません。

◀キタノメダカ。東北地方の日本海側と北陸地方に分布しています。

▶ミナミメダカ。東北地方の日本海側と北陸地方をのぞく日本各地に分布しています。

◀観賞用のメダカ(ヒメダカ)。品種改良でつくられた、本来野生にはいないメダカです。

魚類
チャネルキャットフィッシュ
ナマズ目アメリカナマズ科

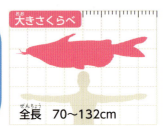

大きさくらべ
全長 70〜132cm

外来生物
特定 緊急

日本各地でふえている超大食いナマズ

原産地 北アメリカ
日本国内の分布 福島県、茨城県、群馬県、栃木県、埼玉県、千葉県、東京都、岐阜県、愛知県、奈良県、滋賀県、島根県など

「アメリカナマズ」ともよばれるナマズのなかまで、食用やペット用に輸入されたものが、にげだしたり、放されたりして野生化しました。湖や沼、河川にすみ、エビやカニ、魚、カエル、昆虫などのほか、水草も食べます。食欲がおうせいで、体も大きくなるため、オオクチバス以上に在来の生物に大きな影響をあたえる可能性があります。また、背びれと胸びれにのこぎりのようなとげがあり、漁師や釣りあげた人がけがをするおそれもあります。

霞ヶ浦の次は琵琶湖でも問題に

霞ヶ浦は、茨城県と千葉県にまたがる大きな湖です。ここではチャネルキャットフィッシュがとてもふえていて、元からすんでいた在来魚がはげしくへってしまいました。場所によっては、釣りをしてもチャネルキャットフィッシュしか釣れないこともあるようです。また近年、滋賀県の琵琶湖でもチャネルキャットフィッシュが見つかっていて、大きな問題になっています。

▲霞ヶ浦で釣りあげられた大型のチャネルキャットフィッシュ。このような大型の個体は、まだたくさんいると考えられています。

外来生物コラム
環境を乱す熱帯魚たち

水辺や池、川にいる危険生物・外来生物

日本の河川や湖で外来の熱帯魚がふえている

　熱帯魚は、南アメリカやアフリカ、東南アジアなど、あたたかい国ぐにの河川や湖にすむ魚たちです。昔からペットとして人気がありますが、最近は日本の川や湖などで本来いるはずのない熱帯魚が見つかっています。飼いきれなくなって野外に放されたと思われ、大きな問題となっています。

　熱帯魚の多くは寒さに弱いので、たいていは日本の冬をこせません。しかし、低い水温にたえられる種もいますし、あたたかい地域では冬をこして定着してしまうこともあります。熱帯魚が動植物を食いあらしたり、元からすんでいた在来の魚を追いだしたりすることで、本来の日本の河川や湖の環境が乱れてしまうのです。

▼マダラロリカリア（ナマズ目ロリカリア科）

南アメリカのアマゾン川原産。「プレコ」とよばれるナマズのなかまで、全長が30〜50cmにもなります。金属の板のようにかたいうろこが体をおおっているので、ほかの魚に食べられて数がへることはほとんどありません。沖縄の一部の河川ではふえすぎて問題になっています。

卵を産むために川岸にあなをほるので、河川の周りの環境にも影響がある！

▶アリゲーターガー（ガー目ガー科）

北アメリカ南部〜中央アメリカ原産で、全長2〜3mにもなる大型の肉食魚です。低温にも強く、愛知県の名古屋城の外堀では長期間にわたって生息が確認されています。在来の魚やカニなどを食いあらすおそれがあるので、特定外来生物に指定されました。

アリゲーター（ワニ）の名前の通り、大きな口で何でも食べてしまう！

▶グリーンソードテール（カダヤシ目カダヤシ科）

中央アメリカ原産。カダヤシ（→62ページ）のなかまで、尾びれのはしが細くのび、体には暗い緑色のすじもようがあります。沖縄などの河川で野生化して問題になっています。

小さいメダカなどの魚のすみかをうばってしまう！

魚類

コイ
コイ目コイ科

大きさくらべ
全長 60〜100cm

外来生物

日本中に広まってしまった外来と雑種のコイ

◀外来または雑種と思われるコイ。在来のコイとくらべ、背中が少しもりあがっていて、ずんぐりとした体をしています。

◀在来のコイ。体が細身で筒のように丸く、前後に長いのが特徴です。

原産地 東ヨーロッパ〜東アジア
日本国内の分布 日本各地

日本人にとってはなじみが深い魚で、昔から食用や観賞用に利用されてきました。日本中の河川、湖や沼、池で見られますが、じつはそのほとんどが在来のコイではなく、外来のコイもしくは雑種であることが、近年の研究によってわかりました。養殖されて各地で放された外来のコイがふえたり、雑種が生まれたりしていて、在来のコイは琵琶湖（滋賀県）、霞ヶ浦（茨城県・千葉県）、四万十川（高知県）などのごく一部の地域にしか残っていません。在来のコイは、今後新種として発表されるかもしれません。

ニシキゴイは在来？ 外来？

ニシキゴイは、色あざやかなもようのついた観賞用のコイです。きれいなもようになるように品種改良してつくられたコイで、このように人工的につくられたものも外来生物となります。そのため、野外には放さないようにしましょう。

◀ニシキゴイ。お寺や庭園などの人工池でよく飼われています。

魚類
ソウギョ
コイ目コイ科

全長 50～120cm

水辺や池、川にいる危険生物・外来生物

原産地 中国
日本国内の分布 茨城県、千葉県 など

中国に分布する大型のコイのなかまで、はじめは食用にするためにもちこまれました。岸近くの水草を食べるため、ふえすぎた水草をへらすために放されたり、釣り魚として放されたりしています。しかし、あまりに多く食べるため、水草がへりすぎてしまい、水草をすみかにする生物にも影響が出ています。

水草を食べつくす中国原産の大型魚

日本にもちこまれた四大家魚

ソウギョと同じ外来のコイのなかまに、アオウオ、コクレン、ハクレンという魚がいます。これらはソウギョにまじって日本に入ってきたと考えられていて、一部の地域で定着しています。中国では、ウシやブタの「家畜」と同じ意味で、養殖する魚を「家魚」といいます。

ソウギョ、アオウオ、コクレン、ハクレンはそれぞれ食べるものや食べる場所がちがって競争することがないので、古くからいっしょに養殖されていて、「四大家魚」とよばれています。

◀アオウオ。水底でタニシなどをたくさん食べるため、在来の貝類への影響が心配されています。

▶コクレン。中層で動物プランクトンを食べます。

◀ハクレン。水面近くで植物プランクトンを食べます。産卵の時期になると、水面から大きく飛びはねます。

甲殻類
アメリカザリガニ
十脚目アメリカザリガニ科

大きさくらべ
体長 約12cm
※はさみはふくみません。

外来生物（緊急）

わずか20ぴきから全国に広まったザリガニ

原産地　北アメリカ南部
日本国内の分布　日本各地

養殖されていたウシガエルのえさにするため、1927年に神奈川県鎌倉の養殖池に20ぴきほどのアメリカザリガニがもちこまれました。この養殖池からにげだしたものがふえていき、その後は子どものペットとしての人気が高まったこともあり、各地で放されるなどした結果、現在ではほぼ全国で野生化しています。水田や池、流れのゆるやかな河川、水路などにすみ、水田ではイネをはさみで切りたおして根を食いあらしたり、あぜに穴をあけたりするのできらわれています。原産地では食用にされていますが、日本ではペットや釣りエサ以外にはほとんど利用されません。

アメリカザリガニが起こす問題

アメリカザリガニは、小魚やオタマジャクシ、昆虫など、さまざまな小動物をたくさん食べるため、在来生物に影響をあたえます。さらに、水草もよく食べます。水草が少なくなると、水生生物のすみかがうばわれるほか、水がよごれやすくなります。さらに、日本に元からすむニホンザリガニに病気をうつすおそれもあります。

▲ニホンザリガニ。絶滅危惧種に選定されている在来のザリガニで、北海道、青森県、岩手県、秋田県でしか見られません。

甲殻類

ウチダザリガニ
十脚目ザリガニ科

体長 約15cm
※はさみはふくみません。

原産地 カナダ南西部、アメリカ合衆国北西部
日本国内の分布 北海道、福島県、千葉県、栃木県、長野県、滋賀県

1909年に食用として初めてもちこまれた外来のザリガニです。北海道の摩周湖を最初として各地に何度か放された結果、一部が野生化しました。ニホンザリガニに病気になるカビをうつすおそれがあるほか、すみかをうばってしまいます。また、北海道の阿寒湖では特別天然記念物のマリモが食いあらされる被害も出ています。

外来生物（特定・緊急）
ニホンザリガニのすみかをうばう

甲殻類

ミステリークレイフィッシュ
十脚目アメリカザリガニ科

体長 約10cm
※はさみはふくみません。

原産地 わかっていません
日本国内の分布 なし（北海道と愛媛県で発見されています）

2006年に北海道で初めて見つかった外来のザリガニです。ペットとして輸入されたものが放されたと考えられています。このザリガニは、オスがいなくても、メスだけで卵を産んで子どもをふやすことができます。たった1ぴきから何倍にもふえる可能性が高く、水辺の在来生物に影響をあたえるおそれがあります。

外来生物（定着予防）
メス1ぴきだけで子どもをふやすふしぎなザリガニ

水辺や池、川にいる危険生物・外来生物

スクミリンゴガイ
軟体動物
盤足目リンゴガイ科

殻高　5〜8cm
※殻高＝貝殻の頂上から下の部分までの長さ

外来生物 重点

田んぼにすみつくジャンボタニシ

▼殻にこもったスクミリンゴガイ。乾燥したときは、貝のふたをとして、何日もたえることができます。

原産地 南アメリカ
日本国内の分布 関東地方〜沖縄の各地

1981年に食用で養殖するためにもちこまれた巻き貝のなかまで、ジャンボタニシともよばれています。しかし、日本では食用として受け入れられず、養殖場から放されたり、にげだしたりしたものが野生化してしまいました。一部では、水田の草を食べさせる目的で放されたものもいるようです。水田やその近くの水路、小川などにすみます。えらだけでなく、肺のような器官をもち、空気呼吸ができるため、雨の日やぬれた場所なら陸上でも行動できます。

毒があるピンクの卵

スクミリンゴガイは雑食性で、イネやレンコンなどの農作物も食いあらすため、問題になっています。また、イネのくきや水路のかべに、ピンク色をした卵のかたまりを産みつけます。この卵には毒があり、ほかの生きものに食べられることがないため、この貝がふえる原因となっています。

▲スクミリンゴガイの卵のかたまり。

は虫類
マダラウミヘビ
有鱗目コブラ科

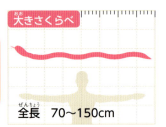

全長 70〜150cm

南の海にすむ毒海ヘビ

危険生物 かむ／毒

日本国内の分布 琉球列島など

沖縄の島じまのサンゴ礁にすむヘビのなかまです。「海ヘビ」という名前の通り、海の中で体をくねらせて泳ぎ、魚を食べてくらしています。しかし、は虫類なのでずっと海の中にはいられないため、ときおり海面に上がって息つぎをします。海岸の岩穴で休んだり、陸に上がって卵を産んだりします。攻撃的な性質で、とても強い神経毒（→45ページ）をもっています。日本では、ウミヘビにかまれる事故は数年に一度ほどしか起きていませんが、過去には死んでしまった例もあります。海で見かけても、けっして手を出さないようにしましょう。

ヘビじゃないウミヘビ!?

魚類の中にも「ウミヘビ」という名前がついた魚が多くいます。ウナギのなかまの一部（ウミヘビ科）で、細長い体つきやもようはは虫類のウミヘビ（コブラ科）にそっくりですが、毒はもっていません。ただし、どちらのウミヘビも同じ地域で見られますし、見た目で区別するのはむずかしいので、見つけても近づかないようにしましょう。

◀シマウミヘビ。は虫類のウミヘビと同じようなしまもようですが、魚（ウナギのなかま）です。

魚類
ホホジロザメ
ネズミザメ目ネズミザメ科

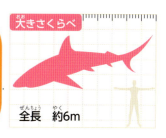
大きさくらべ
全長 約6m

海岸や磯、海にいる危険生物・外来生物

危険生物（かむ）

海の動物をおそいまくる きょうぼうなサメ

▶ホホジロザメの歯。ふちがノコギリのようにギザギザした大きな歯です。

日本国内の分布 日本各地

世界の海を泳ぎまわりながらくらしている、とても大型のサメです。およそ500種類いるサメのなかまのうち、人をおそうおそれがあるのはわずか30種類ほどですが、ホホジロザメはその中でもとくに危険なサメとされています。口の中にはするどい歯が何重にもならんでいて、えものをかみちぎります。もともと大型の魚やアザラシ、イルカなどを食べていますが、人間もおそわれることがあります。海水浴をするような浅い海で出会う可能性は少ないですが、日本でも海にもぐっていた漁師がおそわれて死亡する事故が何度か起きています。

\もっと知りたい！/

イタチザメ（メジロザメ目メジロザメ科）

ホホジロザメとならび、人間をおそうおそれのある危険なサメで、全長は3〜7mにもなります。世界のあたたかい海にすみ、漁港や海水浴場など、陸の近くにあらわれることがあります。するどい歯をもち、攻撃的な性質なので、サーフィンをする人などがおそわれる事故が起こっています。これはサーフボードにのって泳ぐ人を下から見ると、カメのように見えるためではないかといわれています。

魚類

ウツボ
ウナギ目ウツボ科

全長　80〜90cm

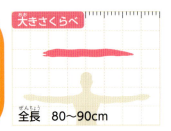

危険生物 かむ

岩かげにひそんでえものをまちぶせ

日本国内の分布 本州中部から南の各地

太くて長い体をもつ、ウナギのなかまです。体にうろこはなく、ぬるぬるしています。日本や朝鮮半島などの海に分布し、海底の岩場やその周辺の砂地にすみます。岩のすき間などにかくれ、近づいてきた小魚やイカなどをおそって食べます。まれにえものを追って、子どもが磯遊びをするような浅い場所にもあらわれることがあります。おくびょうな性質で、口を開いておどかしてきますが、ほとんどの場合はかくれたり、にげだしたりします。しかし、口元に指を近づけるとかまれてしまうおそれがあるので、けっして手を出さないようにしましょう。

するどいきばのような歯

ウツボの口の中には、きばのようにするどくとがった歯がふぞろいにならんでいます。もし大型のものにかまれると大きなケガになる危険もあります。磯や堤防での釣りでよく釣れる魚でもありますが、釣り針を外すときにあばれるのでとくに注意が必要です。

◀大きく開く口の中にたくさんならんでいるウツボの歯。

魚類

ゴンズイ
ナマズ目ゴンズイ科

全長　約20cm

海岸や磯、海にいる危険生物・外来生物

危険生物　刺す　毒

毒のとげをもつ海のナマズ

日本国内の分布　本州中部から南の各地

ゴンズイはナマズのなかまの魚で、海底の岩場やその周辺の砂地にすみます。潮だまりなどのごく浅い場所でも見られます。昼間は岩の下などにかくれ、おもに夜に活動します。磯や堤防で夜釣りをすると、よくかかってきます。背びれと左右の胸びれのふちにするどいとげがあり、そこから強い毒を出します。毒のとげは回転するように動かすことができるので、釣り針を外すときはとくに注意が必要です。刺されるとはげしい痛みが何日も続きます。深く刺されると、死亡するおそれもあります。

集団で身を守る

ゴンズイは、体が小さい幼魚のうちは、何びきもくっついて集団でくらします。そのようすは「ゴンズイ玉」とよばれ、まるで1ぴきの魚のように見えます。小さいうちは敵におそわれやすいけれども、この習性のおかげで大きな魚のように見え、安全なのだと考えられています。

◀ゴンズイ玉をつくる幼魚たち。

魚類
アカエイ
トビエイ目アカエイ科

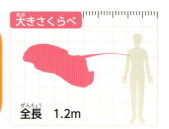

全長 1.2m

危険生物 刺す／毒

ふみつけたら危険な砂地の毒エイ

日本国内の分布 北海道南部から南の各地

エイはうちわのように平たい体と細長い尾をもつ魚です。海底の砂地にすみ、カニやゴカイ、小魚などを食べます。尾に大きな毒とげをもち、刺されるとはげしく痛み、ひどいときにははき気やめまいが起きたり、息が苦しくなったりします。海水浴や潮干狩りをするような浅い場所にもあらわれるので、砂地では足元に十分に注意しましょう。また、堤防などの釣りでもかかってくることがあります。釣りあげるとあばれて毒とげのある尾をふりまわします。さらに、死んで間もないうちはとげに毒が残っているので注意が必要です。

刺さるとぬけにくいとげ

エイのなかまの多くは、アカエイと同じように毒とげをもっています。この毒とげは、ふちにノコギリの歯のような返しがついています。皮ふを切りさいて刺さり、返しが引っかかってぬけにくくなっています。しかもかたさがあるので、長ぐつをはいていても、かんたんにつきぬけてしまいます。

◀アカエイの毒とげは尾の上側にあります。尾のつけ根から先のほうにむかってはえています。

76

魚類
オニダルマオコゼ
スズキ目オニオコゼ科

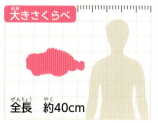
全長 約40cm

海岸や磯、海にいる危険生物・外来生物

日本国内の分布 小笠原諸島、琉球列島（奄美大島より南）

体の皮が厚くてこぼこしていて、海藻などがついた岩のような見た目の魚です。サンゴ礁にすみ、あまり泳ぎまわらず、海底でじっとしています。じっくり見ないと魚だとはわかりません。背びれのとげに強い毒があり、ふんだり、さわったりして刺されると、はげしく痛み、はれて水ぶくれになります。ひどい場合は死んでしまうおそれもあります。

じっと動かず岩にばける毒魚
危険生物　刺す　毒

魚類
ミノカサゴ
スズキ目フサカサゴ科

全長 約25cm

日本国内の分布 北海道南部から南の各地

海底の岩場近くにすむ魚で、大きな背びれと胸びれを広げて、ゆっくりと泳ぎまわります。背びれ、胸びれ、しりびれに毒とげがあります。刺されるとはげしく痛み、刺された部分は赤くはれます。刺された部分を少し熱めのお湯につけると痛みがやわらぎます。釣りでかかることがあるので注意しましょう。

美しいひれには毒とげがかくれている
危険生物　刺す　毒

危険生物 コラム

食べてはいけない！毒をもつ危険な魚たち

体内に毒がある魚を知っておこう

毒をもつ魚の中には、身を守るための毒とげなどをもつのではなく、体内に毒をためこんでいるものがいます。このような魚でもっとも有名なのがフグのなかまですが、フグ以外にも毒をもっているおそれがある魚が数多くいます。

ここでは、魚がもつ毒の働きと、毒をもつ代表的な魚を紹介します。海釣りなどで釣れる魚もいるので、けっしてもちかえったり、食べたりしてはいけません。

魚の毒のおおもとは？

魚が体内にためこむ毒のおおもとは、ほとんどが海の中の小さな生物がつくる毒だと考えられています。ひとつの例ですが、毒をもつ細菌をプランクトンが食べ、プランクトンをカニや貝、ヒトデなどが食べ、カニや貝、ヒトデを魚が食べます。すると毒がリレーのように受けわたされて濃くなっていき、魚が強い毒をもつようになるのです。

フグ毒（テトロドトキシン）

海の中の細菌がつくる毒と考えられています。神経の働きをさまたげるとても強い毒で、はじめはしびれやいたみを感じ、やがて手足を動かせなくなったり、しゃべることができなくなったりします。ひどくなると、意識がなくなり、死んでしまうおそれもあります。

▼ トラフグ（フグ目フグ科）

海底の砂地にすむフグのなかまで、体は太く、体の横に大きな黒いもようがあります。強い毒をもちますが、とてもおいしいので昔から食用にされ、高級品とされています。養殖のトラフグは、毒をもった自然の生物を食べないので、ほとんどが無毒です。フグ類は免許がないと調理できません。

パリトキシン

スナギンチャクという小さなイソギンチャクがもつ毒で、それらを食べた魚にたまります。パリトキシンは筋肉の細胞をこわすため、はげしい筋肉痛が起こります。さらに、毒が血液によって腎臓や心臓に回ると、死んでしまうおそれがあります。

▼ アオブダイ（スズキ目ブダイ科）

ブダイという魚のなかまで、海の中の岩場やサンゴ礁にすみます。体は青っぽい色をしていて、大きく成長したオスはひたいがこぶのようにふくらみます。内臓や筋肉にパリトキシンがたまっているおそれがあります。

▼ ソウシハギ（フグ目カワハギ科）

カワハギのなかまの魚で、サンゴ礁にすみます。だ円形をした体には虫が食べたあとのような青いすじもようがあります。内臓にパリトキシンをためこんでいます。

シガテラ毒（シガトキシン）

海藻の表面につく一部の藻類（渦鞭毛藻）がつくる毒で、海藻を食べた魚や、その魚を食べた大型魚にたまります。死ぬおそれはほとんどありませんが、しびれや痛み、はき気などを感じます。温度の感覚がおかしくなり、冷たさを異常に強く感じることもあります。

▼カスミアジ（スズキ目アジ科）

大型のアジのなかまで、サンゴ礁にすみます。銀色の体には青緑色の点がたくさんあり、ひれも青色をしています。海藻を食べる小さな魚をたくさん食べるので、シガテラ毒をためこんでいる可能性があります。

▶バラフエダイ（スズキ目フエダイ科）

大型のフエダイという魚のなかまで、サンゴ礁にすみます。口先が少しつき出ていて、赤い体の色をしています。シガテラ毒をためこんでいる可能性があります。

脂が多すぎてあぶない魚

海の深い部分にすむ深海魚には、体に脂肪分（ワックス）をためて浮く力を得ているものがいます。この脂肪分は毒ではありませんが、人間の体では消化することができません。大量に食べると、気がつかないうちにおしりから油がもれたり、体調をくずしたりします。

▼バラムツ（スズキ目クロタチカマス科）。全長約2mの大きな魚です。ふだんは水深数百メートルの深海にすみ、夜になると浅い水深まで上がってきます。体には大量のワックスがふくまれているため、日本では法律で売ることが禁止されています。

海岸や磯、海にいる危険生物・外来生物

軟体動物
アンボイナ
新腹足目イモガイ科

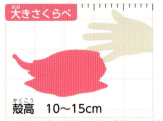

大きさくらべ
殻高　10〜15cm
※殻高＝貝殻の頂上から下の部分までの長さ

危険生物　刺す　毒

毒針でえものをしとめる おそろしい貝

日本国内の分布　紀伊半島から南の各地

イモガイという巻き貝のなかまで、おもにサンゴ礁にすみます。イモガイのなかまには、魚などのえものに毒の針を打ちこんで、動けなくして食べるものがいます。アンボイナの毒はとくに強く、一度に打ちこむ毒の量も多いため、人間でも刺されると死んでしまうおそれがあります。イモガイのなかまは貝がらがきれいで、見た目も食用の安全な貝に似ているため、潮干狩りなどでまちがえてつかんでしまい、刺される事故も起きています。沖縄では、同じ沖縄にすむ毒ヘビにたとえて「ハブ貝」とよばれています。

えものをしとめる歯舌

巻き貝のなかまは、「吻」という口にあたる部分の中に、「歯舌」というヤスリのような平たい歯をもっています。アンボイナはこの歯舌がするどい針のような形になっています。えものをおそうときは、長くのばした吻の先から歯舌を打ちこみ、そこから毒を送りこみます。

◀吻をのばすアンボイナ。この中に歯舌がかくされています。

軟体動物
ムラサキイガイ
イガイ目イガイ科

殻長 5～10cm
※殻長＝貝殻の左右のはばの長さ

海岸や磯、海にいる危険生物・外来生物

外来生物
総合

ムール貝は外来の二枚貝

原産地 ヨーロッパ・北アフリカ（地中海沿岸）
日本国内の分布 日本各地

ムラサキイガイはイガイという二枚貝のなかまで、黒く細長い貝がらをもっています。養殖されたものが「ムール貝」という名前で輸入され、食用となっています。野生のものは、日本にやってくる大型の船の底についていたり、幼生（貝の子ども）がバラスト水（船の重しに使われる水→84ページ）にまぎれこんでいたりして、日本に入りこみました。海岸の岩や防波堤に大きな集団をつくり、同じ場所にくらす貝を追いだします。また、カキ養殖のじゃまになったり、大量に死んで水をよごしたりすることもあり、問題となっています。

\もっと知りたい！/

ミドリイガイ（イガイ目イガイ科）

少し大きめのイガイのなかまで、ムラサキイガイと同じようにして日本に入ってきたと考えられています。とくにあたたかい地域の海でふえていて問題となっています。在来の貝を追いだしてしまうほか、漁業のあみについたり、発電所で使う水を送る水路についたりして、その役割をじゃまするおそれがあります。

軟体動物

ホンビノスガイ
マルスダレガイ目マルスダレガイ科

大きさくらべ
殻長 10〜12cm
※殻長=貝殻の左右のはばの長さ

外来生物
総合

食用で流通している大型の二枚貝

原産地　北アメリカ東部〜中央アメリカ
日本国内の分布　千葉県、東京都、神奈川県（東京湾）、兵庫県（大阪湾）

大型の二枚貝のなかまで、船のバラスト水（→84ページ）に幼生が入っていたか、食用にもちこまれたものが放されたのではないかと考えられています。1998年に千葉県で初めて見つかってから、東京湾の中の各地に広がっていて、その後大阪湾でも確認されています。すでに漁業や潮干狩りの対象となり、以前は「白ハマグリ」「オオハマグリ」の名前で売られていました。今後各地に広まってしまうと、食用として重要な在来の貝（アサリやハマグリなど）と競争関係になったり、在来のビノスガイとの雑種が生まれたりするおそれがあります。

もっと知りたい！

シナハマグリ（マルスダレガイ目マルスダレガイ科）

朝鮮半島や中国などに分布する、ハマグリに似た貝です。開発で干潟がうめたてられたり、海がよごされたりした結果、日本で昔から食用にされてきたハマグリがへってしまい、その代わりに日本にもちこまれました。ハマグリと雑種をつくってしまうため、ただでさえへっているハマグリが、本当に絶滅してしまうおそれがあります。

軟体動物

ヒョウモンダコ
八腕形目マダコ科

全長 約15cm

海岸や磯、海にいる危険生物・外来生物

危険生物 かむ／毒

フグと同じ毒をもつ小さなタコ

日本国内の分布 本州中部から南の各地

あたたかい海の岩場にすむ小さなタコです。ふだんは目立たない色ですが、危険を感じると体やうでに青いすじや輪っかがあらわれ、動物のヒョウのようなもようになります。ほかのタコのようにスミをはけませんが、だ液にフグと同じ強い毒がふくまれています。この毒を、えものにかみついて弱らせたり、おそってきた敵を追いはらったりするのに使います。そのため、人間がかまれても危険で、1ぴきがもつ毒はおとなひとりを死なせるのに十分な量であることがわかっています。日本ではまだ起きていませんが、外国では死亡事故も起きています。

もっと知りたい！
オオマルモンダコ（八腕形目マダコ科）

沖縄のサンゴ礁にすむヒョウモンダコのなかまです。大きさや体の形はほとんど同じですが、体やうでにうかびあがるもようが少し大きめの青い輪っかなので、区別することができます。やはり強い毒をもっているので、きれいだからといって手に取らないようにしましょう。

甲殻類
チチュウカイミドリガニ
十脚目ワタリガニ科

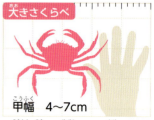

大きさくらべ
甲幅 4〜7cm
※甲幅=甲らの部分のはばの長さ

原産地 ヨーロッパ・北アフリカ（地中海沿岸、カナリア諸島）
日本国内の分布 本州中部〜九州の各地

ヨーロッパとアフリカの間にある地中海の沿岸に分布する小型のカニで、磯や岩場、干潟にすみます。船にくっついてきたり、幼生（子ども）がバラスト水にまぎれこんだりして、日本に入ってきたと考えられています。貝が食べられすぎてへったり、元からすんでいたカニと競争関係になったりして、環境に影響をあたえるおそれがあります。

外来生物 総合

船にかくれてやってきた外来のカニ

海水中の生物を運んでしまうバラスト水

タンカーや輸送船などの大型の船は、荷物を積んでいないときには、重しの代わりに海水を船内のタンクに入れてバランスをとり、その海水は荷物を積む港で海に流します。この海水のことを「バラスト（重し）水」とよびます。

近年、このバラスト水に、日本には分布していない外国の生物がまぎれこみ、日本に入ってきてしまうことが大きな問題になっています。これは世界的な環境問題でもあり、その解決に向けて2017年から「バラスト水管理条約」によって各国が協力して対策をしています。

▲大型船から流れでるバラスト水。この中に、目に見えないくらい小さい生物がまぎれこんでいるおそれがあります。

環形動物

ウミケムシ
ウミケムシ目ウミケムシ科

全長　約8cm

海岸や磯、海にいる危険生物・外来生物

日本国内の分布
本州中部から南の各地

海底の砂地にすむゴカイのなかまです。名前の通りに毛虫のようなすがたをしていて、体には太くて長い毛がたくさんはえています。この毛には毒があり、刺されると痛みやかゆみが数日間続きます。昼間は砂にもぐったり、石の下にかくれていたりするので、磯遊びで注意が必要です。また、夜に釣りをするとかかってくることもあります。

危険生物 刺す　毒

海の毛虫とよばれるゴカイのなかま

海に入るとちくっとするチンクイの正体

海水浴ではだがちくっとして、後で赤くなったり、痛みやかゆみを感じたことがあるでしょう。これを海の中で「チンクイ」に刺されたという人もいますが、チンクイとはどんな生き物でしょうか？

チンクイの正体は、「ゾエア」というエビやカニなどの幼生（子ども）たちです。ゾエアはすきとおった体をしていてとても小さく、海の中にたくさんいます。ゾエアには体にとげがはえているものが多く、このとげがはだに刺さってちくっとするのです。

▲ゾエアは卵からかえると海面の近くに集まり、そこでしばらくすごすので、海水浴をする浅い海にはゾエアがたくさんいます。

▶ゾエアの一種。頭のあたりにとげがあります。

棘皮動物
オニヒトデ
アカヒトデ目オニヒトデ科

輻長 20〜30cm
※輻長＝体の中心からうでの先までの長さ

危険生物 刺す 毒

美しいサンゴを食べるとげだらけのヒトデ

日本国内の分布 和歌山県から南の各地

サンゴ礁にすむ大型のヒトデです。体の上側の全体に太くてするどいとげがたくさんはえていて、そのすがたから「鬼」の名前がつけられました。とげには強い毒があり、刺されるとはげしく痛み、はれたり、しびれたりします。さらに、とげは折れやすいので、傷口にかけらが残ると症状がより悪くなります。また、二度目に刺されると、人によってははげしいアレルギー反応（アナフィラキシーショック）を起こし、死亡するおそれもあります。近年は、数年ごとに大発生してサンゴを食いあらし、サンゴ礁の環境に大きな影響をあたえています。

美しいサンゴを守る活動

オニヒトデの天敵は、ホラガイという大型の貝です。とげも毒もホラガイには役に立たず、上におおいかぶさられて食べられてしまいます。しかし、ホラガイの数よりもオニヒトデのほうが多いので、サンゴへの被害はなくなりません。そこで、各地でふえたオニヒトデをサンゴ礁から取りのぞく活動が行われています。

◀海から上げられたオニヒトデ。ひとつひとつが強い毒をもつので、取りのぞく作業も命がけです。

棘皮動物
ガンガゼ
ガンガゼ目ガンガゼ科

大きさくらべ
殻径　5〜10cm
※殻径＝体の中心の殻の直径

日本国内の分布
本州中部から南の各地

細くて長い針のようなとげをもつウニのなかまです。岩場やサンゴ礁にすみ、潮だまりにあらわれることもあります。するどいとげは皮ふをかんたんにつきとおし、とげの先に毒があるので、強くはありませんが痛みを感じます。しかも、とげは折れやすいので、かけらが傷に残ると治りがおくれます。

針のようなとげにおおわれたウニのなかま

海岸や磯、海にいる危険生物・外来生物

棘皮動物
ラッパウニ
ホンウニ目ラッパウニ科

大きさくらべ
殻径　約10cm

日本国内の分布
本州中部から南の各地

岩場やサンゴ礁にすむウニのなかまで、短いラッパのような形をしたとげをもちます。とげにさわると、先の部分がかみつくようにとじて刺されます。とげには強い毒があり、刺されると息が苦しくなったり、体がしびれたりします。人によってははげしいアレルギー反応を起こすおそれもあります。潮だまりにはほとんどいませんが注意が必要です。

かみつくラッパのようなとげをもつ

▶ラッパウニのとげ。
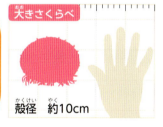

87

刺胞動物
カツオノエボシ
クダクラゲ目カツオノエボシ科

大きさ 3〜10cm
※うきぶくろのはばの長さ

危険生物 | 刺す | 毒

うきぶくろ。ぎょうざのような見た目で、すきとおっています。中にはおもに二酸化炭素がつまっています。

デンキクラゲは小さな生物の集合体

日本国内の分布 本州中部から南の各地

海面をただよってくらすクラゲのなかまで、海流にのって南のほうから流れてきます。太平洋側では沖にカツオがやってくる時期に見られることと、うきぶくろの形が昔のぼうしの「烏帽子」に似ていることから名前がつきました。じつは1ぴきの生物ではなく、たくさんの小さな生物（ヒドロ虫）が集まって、ひとつのクラゲの形をつくっています。うきぶくろの下にのびる触手には、毒針を出す細胞（刺胞）があります。その毒はとても強く、刺されるとはげしい痛みを感じ、みみずばれができます。

電気ショックのような痛み

カツオノエボシは「デンキクラゲ」ともよばれ、刺されると電気ショックを受けたような痛みを感じます。ひどいときには頭痛やはき気がしたり、息が苦しくなったりします。人によっては、はげしいアレルギー反応（アナフィラキシーショック）を起こすおそれもあります。夏から秋に、海から強い風がふくと海岸に打ちよせられるので、海で遊ぶときには十分な注意が必要です。

▶海岸で死んでいるように見えても、刺されるおそれがあるので、けっしてさわってはいけません。

刺胞動物
ハブクラゲ
立方クラゲ目ネッタイアンドンクラゲ科

大きさくらべ 大きさ　約12cm
※かさの部分の高さ

海岸や磯、海にいる危険生物・外来生物

日本国内の分布 琉球列島

あたたかい海にすむクラゲで、沖縄県では海の生物でもっとも多くの被害が起きています。四角いかさの四すみの下から長い触手がのびていて、この触手の刺胞に強い毒があります。刺されるとやけどのように赤くはれてはげしく痛み、ひどい場合には息が苦しくなる、気が遠くなるなどの体の不調を起こします。小さな子どもは死亡するおそれもあります。

危険生物 刺す／毒

毒の触手がおそろしいクラゲ

海水浴ではクラゲに注意！

海水浴は夏の楽しみのひとつですが、夏の海にはまだまだ危険なクラゲがいます。代表的なものがアンドンクラゲで、刺された時に電気にふれたような痛みがあることから、カツオノエボシとともに「デンキクラゲ」とよばれています。ハブクラゲやアンドンクラゲの毒は、お酢をかけると弱まります。

アカクラゲも刺されると痛いうえに、死骸が乾燥して粉のようになったものを吸いこむとくしゃみが止まらなくなるので「ハクションクラゲ」とよばれています。

▲アンドンクラゲ。四角い箱のようなかさをもちます。夏の中ごろから終わりにかけて、日本各地の海水浴場にあらわれます。

▶アカクラゲ。夏の終わりから春までの冷たい海にあらわれます。

刺胞動物
イラモ
冠クラゲ目エフィラクラゲ科

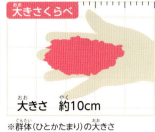
大きさくらべ
大きさ　約10cm
※群体（ひとかたまり）の大きさ

日本国内の分布
和歌山県より南の各地

クラゲのなかまですが、岩の上で海藻のような集団（群体）をつくります。1ぴきのイラモは小さな花のような形で、ふれると強い毒をもつ細胞（刺胞）に刺されます。また、刺胞を海中にばらまくのか、近づくだけで刺されることもあります。刺された傷は水ぶくれになり、かゆみや痛みが続き、熱が出ることもあります。

海藻のように見える毒クラゲのなかま

刺胞動物
イタアナサンゴモドキ
アンソアテカータ目アナサンゴモドキ科

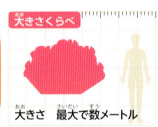
大きさくらべ
大きさ　最大で数メートル
※群体（ひとかたまり）の大きさ

日本国内の分布
琉球列島など

サンゴは、クラゲやイソギンチャクと同じ刺胞動物というグループの動物で、小さな生物（ポリプ）が集まってできています。サンゴのなかまはほとんどが毒をもちませんが、中にはクラゲなどと同じように刺胞をもつものもいます。イタアナサンゴモドキの刺胞に刺されてしまうと、赤くはれて痛みやかゆみが何日も続きます。

サンゴは動物⁉毒をもつあぶないサンゴ

刺胞動物
ウンバチイソギンチャク
イソギンチャク目カザリイソギンチャク科

大きさくらべ

直径 10〜20cm

海岸や磯、海にいる危険生物・外来生物

危険生物 刺す 毒

海のハチとよばれるイソギンチャク

日本国内の分布 琉球列島など

イソギンチャクのなかまで、くずれたサンゴや岩の上などにくっついています。日中は海藻におおわれた石のように見えますが、夜になると木の枝のような形の触手を上にのばします。触手の刺胞に刺されると、強い毒によるはげしい痛みがあり、刺された部分は赤くはれて痛みやかゆみが続きます。まるでハチに刺されたように痛いということから、沖縄で「海蜂」とよばれるようになりました。海水浴ができるような浅い場所にいることもあるので、十分な注意が必要です。

世界でもっとも危険なイソギンチャク

ウンバチイソギンチャクの触手の先には、とても強い毒のある刺胞がつまった球がついています。この球にふれると刺胞がいっせいに飛びだします。この刺胞の毒は、世界のイソギンチャクの中でもっとも強いといわれていて、海外では死亡事故も起きています。

◀ウンバチイソギンチャクに刺されたあと。手全体が赤くはれています。症状が重い場合は完全に傷のあとが消えるまで半年から1年もかかることがあります。

危険生物・外来生物大図鑑 さくいん

この本で紹介している生物の名前や用語などを五十音順で並べて、出てくるページを示しています。
本の中でくわしく紹介している生物には、名前の前に色の目じるしをつけています。また、よく使われている生物の
よび名（アリ、ザリガニなど）もキーワードとして入れています。生物を調べるときに役立ててください。

◆ →危険外来生物　　▲ →危険生物　　● →外来生物　　🔑 →キーワード

あ
- アオウオ 67
- ▲ アオブダイ 78
- アカイエカ 22
- ▲ アカウシアブ 23
- ▲ アカエイ 76
- アカカミアリ 15
- アカクラゲ 89
- アカゲザル 34
- アカヒアリ 14
- ● アカボシゴマダラ 21
- ● アカミミガメ 11, 54
- ▲ アシマダラブユ 23
- アズマヒキガエル 57
- アナフィラキシーショック 7, 14, 16, 86, 88
- 🔑 アブ 23
- ◆ アフリカマイマイ 33
- アマミノクロウサギ 35
- ● アムールハリネズミ 38
- ● アメリカザリガニ 9, 56, 68
- アメリカナマズ 64
- ◆ アライグマ 9, 11, 36
- 🔑 アリ 10, 14, 15,
- ● アリゲーターガー 65
- ● アルゼンチンアリ 15
- ● アレチウリ 48
- アレルギー反応 ...7, 14, 16, 22, 30, 86, 87, 88
- アンドンクラゲ 89
- ▲ アンボイナ 80

い
- ▲ イタアナサンゴモドキ 90
- ▲ イタチザメ 73
- ▲ イラガ 5, 20
- ▲ イラモ 90
- ● インドクジャク 40

う
- ● ウシガエル 56, 68
- ● ウチダザリガニ 69
- ▲ ウツボ 74
- ▲ ウミケムシ 85
- ウンキュウ 55
- ▲ ウンバチイソギンチャク 91

お
- ● オオオナモミ 48
- ● オオキンケイギク 48
- ● オオクチバス 10, 60, 61, 64
- オオサンショウウオ 58
- ▲ オオスズメバチ 5, 16, 17, 19
- オオハマグリ 82
- ◆ オオヒキガエル 5, 57
- ● オオブタクサ 47
- ▲ オオマルモンダコ 83
- オガサワラゼミ 42
- オキナワカブト 27
- オキナワマルバネクワガタ 26
- ▲ オニダルマオコゼ 77
- ▲ オニヒトデ 86

か
- 🔑 カ 4, 5, 22, 62
- 外来生物法 10
- 🔑 カエル 43, 44, 45, 52, 56, 57, 58, 64
- カオグロガビチョウ 41
- カオジロガビチョウ 41
- ▲ カスミアジ 79
- ● カダヤシ 11, 62, 63, 65
- ▲ カツオノエボシ 6, 88
- ▲ カバキコマチグモ 6, 30
- ● ガビチョウ 41
- 🔑 カブトムシ 26, 27
- ◆ カミツキガメ 9, 52, 53
- 🔑 カメ 6, 52, 53, 54, 55
- ▲ ガンガゼ 6, 87

92

き	▲ キイロスズメバチ 6, 17	
	帰化植物 47	
	キタノメダカ 63	
	緊急対策外来種 11	
く	● クサガメ 55	
	● グッピー 63	
	● クビアカツヤカミキリ 10, 25	
	☛ クモ 5, 28, 29, 30, 31	
	☛ クラゲ 5, 6, 88, 89, 90	
	● グリーンアノール 9, 10, 42	
	● グリーンソードテール 65	
	● クリハラリス 38	
	クロゴケグモ 29	
	☛ クワガタムシ 26	
け	☛ 毛虫 5, 20, 83	
こ	● コイ 66, 67	
	● コーカサスオオカブト 26	
	コカミアリ 15	
	● コクチバス 60	
	コクレン 67	
	● コブハクチョウ 51	
	▲ ゴンズイ 75	
	ゴンズイ玉 75	
さ	☛ ザリガニ 9, 56, 68, 69	
	産業管理外来種 11	
し	● シナハマグリ 82	
	シマウミヘビ 72	
	ジャパニーズビートル 39	
	ジャンボタニシ 70	
	ジュウサンボシゴケグモ 29	
	重点対策外来種 11	
	出血毒 45	
	白ハマグリ 82	
	神経毒 45, 72	
	侵略的外来生物 8, 9	
す	● スクミリンゴガイ 70	
	☛ スズメバチ 5, 16, 17, 18, 23	
	▲ スッポン 6, 53	
	● スマトラオオヒラタクワガタ 26	
せ	◆ セアカゴケグモ 28, 29	
	生態系被害防止外来種リスト 10, 11	

	● セイタカアワダチソウ 47	
	● セイヨウオオマルハナバチ 11, 18	
	● セイヨウタンポポ 47	
	● セイヨウミツバチ 8, 19	
	▲ セグロアシナガバチ 18	
	絶滅危惧種 35, 40, 55, 59, 68	
	ゼニガメ 54	
そ	● ソウギョ 67	
	総合対策外来種 11	
	● ソウシチョウ 41	
	▲ ソウシハギ 78	
	ゾエア 85	
た	● タイリクバラタナゴ 9, 59	
	● タイワンザル 34	
	◆ タイワンハブ 46	
	☛ ダニ 4, 5, 31	
	旅鳥 51	
ち	● チチュウカイミドリガニ 84	
	▲ チャドクガ 5, 6, 20	
	● チャネルキャットフィッシュ 64	
	● チュウゴクオオサンショウウオ 58	
	☛ チョウ 21	
	チンクイ 85	
つ	● ツマアカスズメバチ 17	
て	定着予防外来種 11	
	デンキクラゲ 88, 89	
	天然記念物 27, 42, 58, 69	
と	☛ トカゲ 40, 42, 43, 44	
	特定外来生物 10, 11, 48, 65	
	▲ トビズムカデ 30	
	▲ トラフグ 78	
な	夏鳥 51	
に	ニゴロブナ 61	
	ニシキゴイ 66	
	ニッポンバラタナゴ 59	
	ニホンイシガメ 55	
	ニホンザリガニ 68, 69	
	▲ ニホンマムシ 5, 6, 44, 45	
	ニホンミツバチ 8, 19	
ぬ	● ヌートリア 9, 50	
ね	熱帯魚 65	

93

は	◆ ハイイロゴケグモ	29
	ハクションクラゲ	89
	● ハクビシン	37
	ハクレン	59, 67
	● バターレルテナガコガネ	27
	☞ ハチ	5, 16, 17, 18, 19, 47, 91
	▲ ハブ	6, 35, 46
	ハブ貝	80
	▲ ハブクラゲ	89
	ハマダラカ	22
	ハヤトゲフシアリ	15
	バラスト水	39, 81, 82, 84
	▲ バラフエダイ	79
	▲ バラムツ	79
ひ	◆ ヒアリ	10, 14
	ひっつき虫	48
	ピット	44
	▲ ヒトスジシマカ	5, 22
	ヒドロ虫	88
	ヒメダカ	63
	▲ ヒョウモンダコ	83
	ヒラタクワガタ	26
	ビワマス	61
ふ	● フイリマングース	35
	フグ毒	78
	▲ フタトゲチマダニ	31
	ブト・ブユ・ブヨ	23
	冬鳥	51
	ブラウジング・アント	15
	ブラックバス	60
	● ブルーギル	61
	プレコ	65
へ	へっぴり虫	24
	☞ ヘビ	5, 6, 7, 35, 43, 44, 45, 46, 60, 72
ほ	● ホソウミニナ	39
	● ホソオチョウ	21
	● ホテイアオイ	48
	▲ ホホジロザメ	73
	ポリプ	90
	● ホンビノスガイ	82
	ホンハブ	46

	ホンモロコ	61
ま	● マキシムスマルバネクワガタ	26
	● マスクラット	50
	☞ マダニ	7, 31
	▲ マダラウミヘビ	72
	● マダラコウラナメクジ	33
	● マダラロリカリア	65
	☞ マムシ	5, 6, 44, 45, 46
	● マメコガネ	39
	▲ マメハンミョウ	24
み	▲ ミイデラゴミムシ	24
	ミシシッピアカミミガメ	54
	● ミステリークレイフィッシュ	69
	☞ ミツバチ	5, 8, 17, 18, 19
	● ミドリイガイ	81
	ミドリガメ	54
	◆ ミナミオオガシラ	43
	ミナミメダカ	63
	▲ ミノカサゴ	77
む	ムール貝	81
	● ムラサキイガイ	11, 81
め や	☞ メダカ	62, 63
	ヤブカ	22
	▲ ヤマカガシ	45
	ヤマトカブトムシ	27
	▲ ヤマトマダニ	31
	▲ ヤマビル	32
	◆ ヤンソニーテナガコガネ	27
	ヤンバルクイナ	35
	ヤンバルテナガコガネ	27
よ	要注意外来生物リスト	10, 11
	四大家魚	67
ら り わ	▲ ラッパウニ	87
	留鳥	51
	● ワカケホンセイインコ	40
	● ワカメ	39
	渡り鳥	51
	◆ ワニガメ	11, 53

94

外来生物についてもっと知りたくなったら

この本では日本の外来生物のうち、代表的な種を選んで紹介しましたが、ほかにもとても多くの外来生物がいます。そして、その数は現在もふえつづけています。外来生物問題に興味をもち、よりくわしく知りたくなった人のために、参考になるウェブサイトを紹介します。

環境省

「日本の外来種対策」
https://www.env.go.jp/nature/intro/

環境省が発表している外来生物についての情報を見ることができます。特定外来生物や生態系被害防止外来種リストの一覧や、それぞれの種の情報なども調べられますし、新たに規制された外来生物についての情報をいち早く知ることができます。

国立研究開発法人 国立環境研究所

「侵入生物データベース」
https://www.nies.go.jp/biodiversity/invasive/

侵入生物（人間によって運ばれた生物、外来生物）の情報が集められたデータベースです。生物の分布や生息環境、生態などをくわしく調べることができます。

東京都環境局

気をつけて！危険な外来生物
http://gairaisyu.tokyo/

外来生物のうち、とくに「人の生命・身体」に被害をあたえるおそれのある動物種を中心にわかりやすく解説しています。子ども学習サイトもあります。

写真協力

アマナイメージズ
SEA PICS
PIXTA
photolibrary
alamy
fotolia
123RF
Dreamstime

ALEX WILD（表紙,P10,14,他）／兵庫県立南但馬自然学校 増田克也（P9）／体感型動物園iZoo（P11）／森英章（P15）／小川尚文（P15）／兵庫医科大学皮膚科学 夏秋 優（P24）／藤井弘（P26）／京都市衛生環境研究所（P28）／国立感染症研究所（P31）／Antroom（P33）／井上睦子（P36）／AAAホームサービス株式会社（P37）／kamapu（P44）／小出可能（P47,48）／Turtle Farm「YattoKame」（P55）／及川均（P63）／神奈川県立生命の星・地球博物館（コイ：瀬戸宏撮影）（P66）／Hiroshi IMAIZUMI（P81）／吉澤哲夫（P91）

参考文献

『ニューワイド学研の図鑑 世界の危険生物』今泉忠明監修（学研プラス）／『「もしも？」の図鑑 身近な危険生物対応マニュアル』今泉忠明監修・著（実業之日本社）／『あぶないいきもの―野外の危険動物、全ご紹介。』今泉忠明著（自由国民社）／『講談社の動く図鑑MOVE 危険生物』小宮輝之監修（講談社）／『小学館の図鑑NEO 危険生物』塩見一雄他著・監修（小学館）／『日本の外来生物 決定版』自然環境研究センター編著、多紀保彦監修（平凡社）／『外来種ハンドブック』村上興正・鷲谷いづみ監修（地人書館）／『外来生物 最悪50』今泉忠明著（ソフトバンククリエイティブ）／『海外を侵略する 日本＆世界の生き物』今泉忠明監修（技術評論社）／「日本の外来種対策」（環境省）／「侵入生物データベース」（国立環境研究所）

監修
今泉忠明（いまいずみ ただあき）

哺乳動物学者。1944年東京生まれ。東京水産大学（現・東京海洋大学）卒業。国立科学博物館で哺乳類の分類学・生態学を学ぶ。文部省（現・文部科学省）の国際生物計画（IBP）調査、環境庁（現・環境省）のイリオモテヤマネコの生態調査などに参加する。トウホクノウサギやニホンカワウソの生態、富士山の動物相、トガリネズミをはじめとする小型哺乳類の生態や行動などを調査・研究している。ねこの博物館（静岡県伊東市）館長。『なぜ?どうして?　生きもののふしぎな一生』（ナツメ社）、『どうぶつのからだ　これ、なあに?』（ポプラ社）、『おもしろい!進化のふしぎ　ざんねんないきもの事典』（高橋書店）など監修書多数。

監修（外来生物担当）
一般財団法人 自然環境研究センター

1978年、財団法人日本野生生物研究センターとして発足。1992年、自然環境研究センターに名称変更。野生生物の保護管理、情報収集、自然とのふれあい施設の計画・設計、普及啓発などを柱に、自然環境保全に関する調査研究や政策立案を行っている。現在、200名近いスタッフが日本各地で調査研究、対策等を実施しており、外来生物では国の外来生物政策の支援をはじめ、港湾でのヒアリ調査、小笠原でのグリーンアノール対策、離島でのマングース捕獲などを実施し、大きな成果を挙げている。外来生物関連の資料の編集・出版物に『小笠原の自然のために私たちができること 外来生物から小笠原を守る』（環境省）、『決定版 日本の外来生物』（平凡社）などがある。

編集・制作：株式会社童夢
装丁・本文デザイン：高橋里佳（Zapp!）
原稿協力：安延尚文
校正協力：有限会社くすのき舎
イラスト：かわさきみな、松尾奈央（Factory70）

危険生物・外来生物大図鑑

監修　今泉忠明
　　　一般財団法人　自然環境研究センター

2017年12月　第1刷
2024年 7月　第5刷

発行者　岡本光晴
発行所　株式会社あかね書房
　　　　〒101-0065　東京都千代田区西神田3-2-1
　　　　☎03-3263-0641（営業）　03-3263-0644（編集）
　　　　https://www.akaneshobo.co.jp
印刷所　図書印刷株式会社
製本所　牧製本印刷株式会社

ISBN978-4-251-09224-3 C8645
Ⓒ DOMU ／ 2017 ／ Printed in Japan
落丁本・乱丁本はおとりかえいたします。
定価はカバーに表示してあります。

NDC460
危険生物・外来生物　大図鑑
あかね書房　2017　96p　31cm×22cm